RUPENDRA KUMAR
CHITTAPRIYA GHOSH
SANJOY DUTTA

IMPORTÂNCIA E SIGNIFICADO DO BEM-ESTAR DOS BOVINOS LEITEIROS

RUPENDRA KUMAR
CHITTAPRIYA GHOSH
SANJOY DUTTA

IMPORTÂNCIA E SIGNIFICADO DO BEM-ESTAR DOS BOVINOS LEITEIROS

BEM-ESTAR DOS BOVINOS E PRODUÇÃO SUSTENTÁVEL

ScienciaScripts

This book is a translation from the original published under ISBN 978-620-7-46717-4.

Publisher:
Sciencia Scripts
is a trademark of
Dodo Books Indian Ocean Ltd. and OmniScriptum S.R.L publishing group

120 High Road, East Finchley, London, N2 9ED, United Kingdom
Str. Armeneasca 28/1, office 1, Chisinau MD-2012, Republic of Moldova, Europe
Printed at: see last page
ISBN: 978-620-7-49129-2

ÍNDICE DE CONTEÚDOS

INTRODUÇÃO

A economia nacional da Índia depende fortemente do sector da pecuária. Uma das actividades económicas mais significativas nas zonas rurais do país é a criação de gado, que proporciona um rendimento adicional à maioria das famílias que dependem da agricultura. Em termos de VAB (Valor Acrescentado Bruto), o sector da pecuária contribuiu para a economia nacional em 2020-21 a uma taxa de 6,17% a preços de base correntes, enquanto a sua parte no valor global da produção da agricultura, da pesca e da silvicultura foi de 30,87% a preços de base correntes (Estatísticas Básicas da Pecuária, 2022).

A maior população de gado do mundo encontra-se na Índia. A Índia tem 192,49 milhões de bovinos no total, de acordo com o 20.º Censo da Pecuária (2019), dos quais 142,11 milhões são bovinos autóctones. O número de bovinos cruzados era de 50,42 milhões. Em comparação com o censo pecuário anterior, houve uma redução de 6,0 por cento no número de gado indígena, enquanto o número de gado cruzado aumentou 26,9 por cento (20.º Censo Pecuário, 2019), demonstrando a preferência do agricultor por gado cruzado, a criação de gado está a expandir-se.

Embora a comercialização da produção leiteira tenha tido um impacto negativo significativo no desempenho e na produtividade das vacas leiteiras, também pode ter tido um impacto negativo no bem-estar dos animais. O confinamento intensivo dos sistemas de produção modernos está bem documentado nesta altura, especialmente a partir de estudos efectuados em países desenvolvidos. Nestes sistemas de produção, os animais são incapazes de se exercitar, estender completamente os membros e expressar muitos comportamentos naturais significativos (Humane Society of the United States, 2012). O bem-estar dos animais em explorações leiteiras industriais é prejudicado por condições de alojamento restritas, uma dieta inadequada, produção excessiva de leite, recasamentos frequentes, intervalos de parto curtos e doenças médicas (Humane Society of the United States, 2009).

Nos últimos anos, há mais pessoas do que nunca interessadas e preocupadas com o bem-estar dos bovinos leiteiros. O termo "bem-estar" refere-se à condição de uma existência saudável, feliz e segura de um ser humano ou de um animal (Wehmeier, 2005). O bem-estar animal, de acordo com a OIE (Organização Internacional para a Saúde Animal), refere-se à forma como um animal se está a adaptar às suas circunstâncias de vida. Se um animal estiver seguro, confortável, capaz de exibir o seu comportamento natural e não sentir emoções negativas como dor, medo ou desconforto, está num bom estado de bem-estar. De acordo com a ciência, o "bem-estar animal" refere-se à capacidade de um animal se adaptar ao seu ambiente físico, psicológico, cognitivo e social, bem como à perceção subjectiva que o animal tem das suas circunstâncias (Gonyou, 1993; Duncan e Fraser, 1997; Scott, 2001).

De acordo com o Farm Animal Welfare Council (FAWC) (1993), as "cinco liberdades" necessárias para garantir que os animais se encontrem em boas condições de bem-estar, ou seja, num ambiente sem stress, são as seguintes (1) Liberdade em relação à sede e à fome - através do acesso imediato a água fresca e a um regime alimentar que mantenha a saúde e o vigor plenos, (2) Liberdade em relação ao desconforto - através da disponibilização de um ambiente adequado, incluindo um abrigo e uma área de repouso confortável, (3) Liberdade em relação à dor, aos ferimentos e às doenças - através da prevenção ou de um diagnóstico e tratamento rápidos, (4) Liberdade para exprimir o seu comportamento normal - através da disponibilização de espaço suficiente, de instalações adequadas e da companhia dos animais da sua própria espécie e (5) Liberdade em relação ao medo e à angústia - através da garantia de condições e de um tratamento que evitem o sofrimento mental.

É vital procurar formas de modificar os sistemas de produção animal de modo a que estejam em conformidade com uma noção contemporânea de bem-estar animal (baseada nas "Cinco Liberdades" articuladas pela FAWC), a fim de proporcionar um bom bem-estar animal nas actuais condições ambientais e de gestão da produção. O bem-estar e o desempenho dos bovinos leiteiros estão fortemente relacionados; por conseguinte, existe um interesse e uma preocupação crescentes em relação a estes temas. Um aumento da produtividade e da reprodução dos animais é um sinal de maior bem-estar animal, o que acaba por impulsionar as economias das famílias e das empresas.

Um nível básico das "necessidades" de um animal são os itens que são necessários para a sobrevivência; mas, para atingir um excelente bem-estar, um animal também terá requisitos que, embora não sejam necessários para a sobrevivência, irão melhorar as condições de vida e também podem levar a um aumento da produção (Stull *et al.*, 2005). Assim, o sucesso de um produtor de leite na produção de leite de alta qualidade e quantidade depende da satisfação das necessidades de bem-estar dos animais leiteiros (Fraser, 2003). O objetivo fundamental de uma pecuária eficaz é oferecer os instrumentos e a supervisão necessários para garantir a produção eficiente de alimentos e outros artigos sem pôr em risco a saúde e o bem-estar dos animais (Appleby, 2005).

O bem-estar dos animais de criação é agora considerado um componente da qualidade do leite, e o seu controlo dá aos consumidores uma garantia adicional de que os produtos que compram provêm de animais que foram criados e tratados em explorações que utilizam práticas agrícolas adequadas (Hristov *et al.*, 2012).O bem-estar dos animais de criação é, portanto, uma questão de interesse público (a) por si só, na medida em que as pessoas consideram que têm obrigações morais para com os animais, (b) devido aos efeitos sobre os custos dos alimentos e outros produtos de origem animal, ou seja, a economia da exploração e (c) devido aos efeitos sobre o bem-estar humano (Broom, 2001).Os problemas de produtividade podem ser indicados por um declínio na produção, como uma queda na produção de leite, doença ou lesão. Do mesmo modo, uma redução das taxas de reprodução ou um aumento da mortalidade ou da doença deve ser uma indicação flagrante de que o bem-estar dos animais se deteriorou (Whay, 2007).

As preocupações sobre a relação entre o bem-estar e a saúde dos animais têm-se centrado principalmente nos animais de criação, uma vez que pode ser dispendioso tratar problemas de saúde generalizados numa grande população de animais. Os animais de criação têm uma série de problemas de saúde, alguns dos quais podem ser surpreendentemente comuns, quer estejam alojados em sistemas de alojamento tradicionais ou modernos, quer sejam geridos de forma intensiva ou extensiva.

Atualmente, os consumidores de leite e produtos lácteos têm curiosidade em saber qual o tratamento dado aos animais leiteiros utilizados na produção destes bens (*Histrovet al.*, 2011). O comportamento natural dos animais é crucial, uma vez que promove o funcionamento biológico e é alegre; qualquer alteração deste padrão de comportamento é um indício de que algo está errado nas explorações. Embora a oportunidade de participar em todos os comportamentos normais de um animal não seja necessária para o seu bem-estar, pode ser uma estratégia eficaz para o aumentar na realidade.

Nos últimos anos, assistiu-se a um aumento da importância das questões relacionadas com o bem-estar dos animais, não só nos países ricos, mas também nos países em desenvolvimento, onde a melhoria das políticas de bem-estar dos animais pode resultar numa melhor produtividade, saúde animal e perspectivas comerciais. Estes países, cuja mão de obra e terra são menos dispendiosas do que as dos países industrializados, terão provavelmente uma vantagem comercial natural se fabricarem produtos agrícolas a preços mais acessíveis. O sistema original de produção de pequenos agricultores e os sistemas comerciais de produção de leite mais recentes e em expansão constituem o sistema indiano de produção de leite. Devido às diferentes técnicas agrícolas e à aplicação de tecnologias de produção contemporâneas, as preocupações e os problemas de bem-estar dos animais nestes dois sistemas de produção podem ser diferentes.

BEM-ESTAR DOS ANIMAIS

O lançamento do livro de Ruth Harrison "Animal Machines", em 1964, foi um acontecimento significativo que despertou o interesse pelo bem-estar dos animais de criação. Em relação ao sistema de criação intensiva, em particular, foi cunhada a expressão "criação industrial". O governo do Reino Unido criou o "Comité Brambell" em resposta ao pedido de Ruth Harrison para "investigar o bem-estar dos animais mantidos em sistemas de criação intensiva".

A publicação pelo governo britânico, em 1965, do relatório Brambell sobre o bem-estar dos animais de criação marcou o início do bem-estar dos animais como uma "disciplina formal" (Brambell, 1965). O bem-estar animal é tão difícil de descrever como o bem-estar humano (Dawkins, 1998; Broom, 2002). A definição de bem-estar animal passou por inúmeras iterações. A amplitude das conceptualizações de bem-estar animal é resumida aqui (Fisher, 2009), -

- ❖ (Tannenbaum, 1991; Fraser e Duncan, 1998) A ausência de, ou liberdade de, dor e sofrimento (ansiedade, medo, agonia e angústia), bem como, ocasionalmente, a existência de sensações agradáveis ou positivas. O sofrimento não está presente.

- ❖ Em forma, saudável, bem ajustado e satisfeito (Webster, 2005; Nordenfelt, 2006; Tannenbaum, 1991) significa estar em forma, satisfeito ou de boa saúde.

- ❖ (Curtis, 1991; Spedding, 2000) As necessidades são satisfeitas num estado em que o sofrimento é mínimo e em que são satisfeitas, pelo menos, as necessidades fundamentais.

- ❖ Saúde física e mental, incluindo a ausência de ansiedade, aborrecimento ou privação (Dawkins, 2006): os animais estão de boa saúde e recebem tudo o que necessitam.

- ❖ A capacidade de um animal para se adaptar ou lidar, parcial ou totalmente (Tannenbaum, 1991; Broom, 2008). O estado de um animal enquanto tenta adaptar-se ao seu ambiente.

❖ Uma condição natural é aquela em que um animal está em paz com o seu ambiente e em perfeita saúde física e mental (Tannenbaum, 1991; Barnard e Hurst, 1996; Hewson, 2003).

❖ A qualidade de vida animal (Tannebaum, 1991; McMillan, 2000) é uma condição que envolve algum aspeto de uma vida próspera.

❖ Relações com os animais que sejam amáveis e atenciosas (Kilgour, 1978; Banks, 1982), utilizando técnicas de manuseamento e gestão que causem o mínimo de stress ou angústia.

❖ Um problema sócio-político ou económico (McInerney, 1994). Uma vez que as preferências das pessoas orientam o seu comportamento, o bem-estar dos animais é, em última análise, uma questão económica ou sociopolítica. É também essencialmente uma questão subjectiva de opiniões humanas.

❖ A capacidade de um animal se adaptar ao seu ambiente físico-químico e social, bem como a consciência subjectiva que o animal tem do seu estado, pode ser designada por "bem-estar animal" (Gonyou, 1993; Duncan e Fraser, 1997; Scott *et al.*, 2001).

Como resultado, é evidente que o conceito de **"bem-estar"** tem várias facetas, mas, em geral, entende-se que se refere à perceção emocional de um animal relativamente a uma condição ou circunstância (Wemelsfelder e Mullan, 2014). De acordo com *Keyserlingket al.* (2009), as preocupações com o bem-estar dos animais centram-se tipicamente em três questões: se o animal é saudável, produtivo e capaz de funcionar normalmente; se se sente bem; e se pode viver uma vida natural, adoptando os seus comportamentos naturais.

Para ajudar a criar normas de bem-estar dos animais, a Organização Mundial da Saúde Animal (OIE) adoptou "10 princípios gerais" para o bem-estar dos animais nos sistemas de produção animal. As ideias fundamentais baseiam-se em 50 anos de estudos científicos relacionados com o bem-estar dos animais; estes princípios são descritos a seguir como

- ➤ Como a seleção genética afecta a saúde, o comportamento e o temperamento dos animais;

- ➤ Como o ambiente influencia as lesões e a transmissão de doenças e parasitas;

- ➤ Como o ambiente afecta o repouso, o movimento e o desempenho de comportamento natural;

- ➤ A gestão dos grupos para minimizar os conflitos e permitir uma ação social positiva contacto;

- ➤ O efeito da qualidade do ar, da temperatura e da humidade na saúde animal e conforto;

- ➤ Garantir o acesso a alimentos e água adequados às necessidades dos animais e adaptações;

- ➤ Prevenção e controlo de doenças e parasitas, com eutanásia humana se o tratamento não for viável ou a recuperação for improvável;

- ➤ Prevenção e gestão da dor;

- ➤ Criação de relações positivas entre humanos e animais e

- ➤ Garantir competências e conhecimentos adequados aos tratadores de animais

BEM-ESTAR DOS BOVINOS LEITEIROS

As vacas podem viver vinte anos ou mais se lhes for dada uma vida natural e saudável. No entanto, por serem cronicamente coxas ou inférteis, as vacas leiteiras de alto rendimento são normalmente destruídas após três lactações (*Keyserlingket al.*, 2009). Por conseguinte, a produção excessiva de leite também é vista como uma preocupação de bem-estar nas explorações leiteiras.

Uma vez que as pessoas têm a responsabilidade de cuidar do gado leiteiro que criam, o maneio afecta diretamente o bem-estar do gado leiteiro. A capacidade dos animais de se adaptarem o mais possível ao seu ambiente para produzirem mais está diretamente relacionada com a produção animal; por conseguinte, desempenha um papel significativo do ponto de vista tecnológico (Carenzi e Verga, 2009). Além disso, os consumidores estão cada vez mais conscientes do impacto que o bem-estar dos produtos lácteos tem na proteção ambiental, na segurança alimentar e na saúde pública. O controlo do bem-estar dos produtos lácteos é uma garantia adicional para os consumidores de que os produtos que compram provêm de animais saudáveis, desenvolvidos e mantidos de acordo com as normas de boas práticas nas explorações, porque se tornou um componente da qualidade do leite (Hristov *et al.*, 2011).

A cetose, a febre do leite, o abomaso deslocado para a esquerda e a acidose estão entre as doenças metabólicas das vacas leiteiras que são significativas em termos de perda de produção e de bem-estar (Autoridade Europeia para a Segurança dos Alimentos, 2012). Além da mastite, condições endémicas como a tuberculose, a rinotraqueíte infecciosa bovina, a leptospirose e a doença de Johne podem resultar no abate prematuro de vitelos leiteiros.

De acordo com a Autoridade Europeia para a Segurança dos Alimentos (2012) e o Farm Animal Welfare Council (2009), praticamente todas as doenças têm algum impacto no bem-estar das vacas leiteiras. A prevalência de várias doenças, sendo a claudicação a mais comum, nos bovinos leiteiros aumentou significativamente durante as últimas décadas. A claudicação continua a ser uma doença generalizada que tem implicações significativas para o bem-estar visível em aspectos de produção e económicos. Para assegurar uma alimentação adequada, evitar perdas extremas de tecido corporal e manter a fertilidade, as vacas com elevado mérito genético para a produção de leite requerem um elevado nível de maneio (Farm Animal Welfare Council, 2009).

O maneio da fertilidade da vaca seca é também essencial, especialmente para evitar que a vaca se torne excessivamente magra ou excessivamente gorda no parto. Quase todos os vitelos nas explorações leiteiras comerciais são retirados da mãe logo após o nascimento. Este facto tem implicações a longo prazo no desenvolvimento físico e social do vitelo e causa grande sofrimento tanto à vaca como ao vitelo (Hristov *et al.*, 2012).

Em comparação com os bezerros desmamados, os bezerros búfalos amamentados naturalmente tiveram melhor desempenho de crescimento, estado imunológico, desempenho de saúde e comportamento, e níveis mais baixos de stress oxidativo (Kumar, 2015; Kumar, 2014). A rentabilidade do sistema de produção leiteira é largamente determinada pela dieta, genética, doenças e práticas de gestão que afectam o desempenho produtivo e reprodutivo do gado (*Lobagoet al.*, 2007). Para uma indústria de lacticínios, as doenças, as lesões, as baixas taxas de crescimento e os problemas reprodutivos são prejudiciais para o animal e também para a viabilidade da exploração.

De acordo com *Keyserlingket al.* (2009), uma baixa produção de leite será um sinal de mau bem-estar animal, enquanto que níveis elevados de produção deverão ser um sinal de bom bem-estar animal. A avaliação das reacções das vacas a situações de stress também se revelou bem sucedida, utilizando alterações a curto prazo na produção de leite. Nem um nível elevado de produção de leite nem níveis baixos de atributos de produção, como a produção de leite, são garantias de um elevado nível de bem-estar. No entanto, nem sempre é claro como a produtividade e o bem-estar de um animal estão relacionados. Então, a produção de leite ainda é discutível como indicador de bem-estar?

BEM-ESTAR DOS BOVINOS NA ÍNDIA

Nas últimas décadas, a produção de leite da Índia aumentou significativamente para satisfazer as necessidades da sua população em crescimento. Prevê-se que esta tendência se mantenha. O número de cabeças de gado, nomeadamente de gado cruzado, contribuiu significativamente para que a Índia tenha a maior produção de leite do mundo. Nas últimas décadas, o sector dos lacticínios passou de um pequeno sector doméstico para um sector industrial. De acordo com Rathore (2008), as ideias de bem-estar animal e de criação de animais são muito diferentes na Índia. Há falta de informação exacta sobre as actividades reais de bem-estar dos animais que são levadas a cabo. A falta de compreensão do bem-estar dos animais nas explorações leiteiras resulta numa menor produção de leite, numa reprodução mais fraca, em mais problemas de doença e numa vida mais curta.

AVALIAÇÃO DO BEM-ESTAR DOS BOVINOS LEITEIROS

Os sistemas de avaliação do bem-estar animal utilizados nas explorações leiteiras podem variar consoante a definição de bem-estar animal e o objetivo da avaliação. Consequentemente, a seleção dos indicadores de bem-estar e das técnicas de avaliação reflecte os pressupostos fundamentais subjacentes à forma como o bem-estar dos animais é interpretado (Johnsen *et al.*, 2001). O bem-estar dos animais no efetivo deve ser descrito e um sistema útil de avaliação do bem-estar deve permitir ao agricultor monitorizar as alterações ao longo do tempo e tomar as medidas necessárias (Napolitano *et al.*, 2005). No entanto, pode ser difícil escolher e criar medições exactas e práticas para os protocolos de avaliação nas explorações.

Embora estes critérios indirectos de avaliação do bem-estar baseados nos recursos sejam rápidos, simples e algo fiáveis, confiar apenas nos seus resultados pode não indicar se o bem-estar dos animais é bom ou mau (Knierim e Winckler, 2009). Nem sempre é alcançado um elevado grau de bem-estar animal, mesmo quando são fornecidos bons recursos de gestão e ambientais (*Sejianet al.*, 2011). Um parâmetro ou indicador direto baseado num animal pode ser utilizado para medir o bem-estar animal. Estes indicadores são mais fiáveis porque mostram como o animal foi afetado por variáveis no seu ambiente imediato ou sistema de alojamento e como respondeu a essas variáveis (Carenzi e Verga, 2007).

Além disso, a conceção de um determinado sistema de avaliação do bem-estar depende do facto de se pretender certificar ou regular o nível de bem-estar em determinadas explorações, avaliar o bem-estar em vários sistemas de produção ou atuar como uma ferramenta de aconselhamento que permita ao agricultor reconhecer, evitar ou resolver problemas de bem-estar na sua exploração (*Whayttet al.*, 2003). No entanto, devido à natureza multidisciplinar do bem-estar dos animais, é difícil escolher e desenvolver medições fiáveis e, ao mesmo tempo, viáveis para os protocolos de avaliação na exploração (Baird *et al.*, 2016). Para determinar os factores de risco e o estado real do bem-estar animal nas explorações, deve ser utilizada uma combinação de métricas baseadas nos recursos e nos animais (Rushen *et al.*, 2008; Autoridade Europeia para a Segurança dos Alimentos, 2012). Em conclusão, os indicadores baseados nos animais são susceptíveis de chamar a atenção para as questões de bem-estar mais significativas e urgentes, centrando assim as prioridades nas acções correctivas. Os indicadores baseados nos recursos e na gestão são mais susceptíveis de chamar a atenção para o perigo futuro de diminuição do bem-estar e de ajudar a determinar as causas dos actuais problemas de bem-estar dos animais. Consequentemente, uma estratégia de controlo ou de avaliação deve incluir tanto medidas baseadas nos animais como medidas não baseadas nos animais (Autoridade Europeia para a Segurança dos Alimentos, 2012). As medições baseadas nos animais são medidas de resultados, enquanto as medidas não baseadas nos animais ou nos recursos são medidas de entradas.

INDICADORES DE BEM-ESTAR

Materiais de cama inadequados, dimensões dos estábulos, vocalização, interacções entre humanos e animais, operações cirúrgicas, alimentos e práticas alimentares, lesões, mastites e medo são algumas das questões de bem-estar que podem ser estudadas como indicadores de bem-estar nas explorações leiteiras. Estes indicadores foram divididos em indicadores baseados nos animais (mastites, claudicação, interação homem-animal) e indicadores relacionados com o ambiente (que incluem factores de alojamento e factores de gestão) (Phillips, 2002).

As avaliações do bem-estar dos animais de criação têm, historicamente, colocado uma forte ênfase na medição dos recursos oferecidos aos animais, tais como as normas de alojamento e de conceção dos estábulos. Embora estes critérios rápidos, simples e algo fiáveis de avaliação indireta do bem-estar com base nos recursos possam ser utilizados para determinar rapidamente se o bem-estar de um animal é bom ou mau, nem sempre é esse o caso (Knierim e Winckler, 2009). As técnicas de maneio e a ligação homem-animal são dois outros componentes da criação que têm um impacto no bem-estar dos animais, embora possa ser mais difícil avaliar estes factores.

No entanto, um elevado grau de bem-estar dos animais nem sempre é o resultado de uma gestão e de recursos ambientais adequados (*Sejianet al.*, 2011). Os indicadores de bem-estar dos animais podem ser divididos em duas categorias: 1) Indicadores de entrada ou indicadores relacionados com o ambiente ou baseados nos recursos (que incluem factores de alojamento, alimentação e gestão) e 2) Indicadores de saída ou indicadores baseados nos animais (índice de condição corporal, mastite, claudicação, interação homem-animal, etc.). A aplicação destes indicadores e dos critérios correspondentes deve ser adaptada aos diferentes cenários de maneio dos animais leiteiros. Estes critérios para o gado leiteiro podem ser classificados numa variedade de categorias, incluindo os relacionados com a produção, fisiológicos, patológicos, etológicos e integrados (Calamari e Bertoni, 2009).

HABITAÇÃO E BEM-ESTAR

A gestão de abrigos envolve o ajuste do microclima de um animal para melhor satisfazer as suas necessidades de bem-estar, reduzindo o stress climático com pouco ou nenhum impacto nos custos de construção. Ao proporcionar uma proteção adequada aos animais, é possível aumentar a sua produtividade porque é gasta menos energia a combater o stress climático (Nagpal et al., 2005). O ambiente ou as instalações do animal, tais como as diferentes facetas do alojamento, alimentação, limpeza e higiene, são avaliados. Embora não garantam um bom bem-estar, estes factores deveriam ser um requisito para um bom bem-estar porque são frequentemente simples de medir e registar (Johnson et al., 2001). Todas as cinco liberdades de que um animal necessita para garantir o seu bem-estar deveriam ser asseguradas em bons sistemas de alojamento de animais. A saúde, o bem-estar e a produtividade do animal serão postos em causa se estas exigências básicas não forem satisfeitas no alojamento dos animais (Hristov et al., 2012). Fregonesi e Leaver (2001) efectuaram dois ensaios para comparar os indicadores de bem-estar entre os dois sistemas mais populares de estabulação livre para vacas leiteiras: cubículos e pátios de palha. Na experiência I, 16 vacas Holstein Frísia de alto e 16 de baixo rendimento foram utilizadas num padrão de transição em dois intervalos de quatro semanas para avaliar as reacções dos animais aos dois tipos de alojamento. Com 24 vacas Holstein Friesian, a experiência 2 foi efectuada durante 17 semanas para avaliar os efeitos a longo prazo dos dois sistemas. As vacas no sistema de pátio de palha superaram as do sistema de cubículo na experiência 1 em termos de tempo de repouso, tempo de ruminação e sincronização do comportamento de repouso. Embora as vacas no sistema de cubículos estivessem visivelmente mais limpas, não houve diferenças apreciáveis entre os dois sistemas em termos de produção de leite, contagem de células ou pontuação de locomoção. Em comparação com as vacas de baixo rendimento, as vacas de alto rendimento tinham um tempo de postura mais curto, mas um período de alimentação mais longo. As diferentes vacas produtoras de leite reagiram de forma igual aos diferentes tipos de alojamento, mostrando que as vacas de alta produção de leite não precisam de um alojamento diferente do das vacas de baixa produção. No ensaio 2, não se registaram variações discerníveis no comportamento de deitar, ruminar ou sincronizar a postura entre os sistemas de alojamento. Devido a uma incidência muito maior de mastite clínica, a produção de leite no parque de palha foi significativamente menor do que no sistema de cubículos. As vacas em cubículos estavam substancialmente mais limpas e a contagem de células era significativamente mais baixa. O sistema de alojamento não teve efeitos apreciáveis no tamanho do casco, no índice de mobilidade ou na claudicação clínica.

LIMPEZA DAS VACAS / HIGIENE E BEM-ESTAR DAS VACAS

De acordo com Cook *et al.* (2004), a construção de instalações sanitárias e confortáveis é essencial para garantir a saúde e o tempo de vida das vacas leiteiras nas explorações, mesmo que não sejam as mais económicas ou fáceis de manter. De acordo com Bowell *et al.* (2003), a limpeza das vacas leiteiras pode ser um bom indicador do bem-estar dos animais, sendo que as vacas mais sujas têm uma maior incidência de mastite e uma maior contagem de células somáticas por vaca. Outros factores que podem afetar o asseio das vacas incluem a conceção do alojamento, que tem sido associada a vacas sujas (Bowell *et al.*, 2003), e a consistência do estrume, que está positivamente correlacionada com vacas sujas (Ward *et al.*, 2002). Conforme relatado anteriormente (Reneau *et al.*, 2003; Ruud *et al.*, 2010 eHauge *et al.*,2012) estudaram a relação entre a limpeza dos animais em rebanhos leiteiros e variáveis relacionadas às condições de alojamento, alimentação e manejo, bem como a qualidade da pele. A avaliação do asseio corporal pode fornecer algumas informações sobre o bem-estar dos animais, as atitudes dos criadores e o seu nível de cuidados com os animais. De acordo com Winker *et al.* (2003), a sujidade da pele e do pelo dos bovinos leiteiros pode diminuir a capacidade da pele para regular a temperatura corporal e atuar como um anti-germe. Também pode resultar em irritação da pele. Numa grande amostra de explorações leiteiras do Reino Unido, Ellis *et al.* (2007) validaram um sistema de pontuação da limpeza das vacas e descobriram que era repetível e uma técnica útil para utilizar na exploração. Também descobriram que as vacas mais sujas tinham uma correlação positiva com uma contagem elevada de células somáticas (CCS). Para avaliar o grau de limpeza da vaca ou o grau de higiene da vaca, Napolitano *et al.* (2005) escolheram cinco zonas ano-genitais: a parte posterior do úbere, a parte inferior das patas traseiras (desde o jarrete até aos garrotes), os lados do úbere e o ventre, e as coxas.

O grau de contaminação de várias áreas anatómicas com sujidade e fezes é registado utilizando uma variedade de sistemas de pontuação de limpeza para vacas leiteiras, que fornecem uma avaliação global da limpeza de todo o animal (Bowell *et al.*, 2003; de Rosa *et al.*, 2003; Cook, 2002).

CONFORTO DA VACA

A percentagem de vacas nos estábulos que estão deitadas é conhecida como o "índice de conforto das vacas". Uma a duas horas após a ordenha, este índice atinge o seu pico. A importância do descanso é realçada pela pesquisa de Munksgaard e Lovendahl (1993), que relatam que as vacas impedidas experimentalmente de se deitarem por um total de 14 horas por dia mostraram concentrações plasmáticas reduzidas de hormona de crescimento, uma hormona que foi positivamente correlacionada com a produção de leite (Hart *et al.*, 1978).

De acordo com Rushen *et al.* (2007), as vacas alojadas em betão tinham três vezes mais probabilidades de ter as articulações do carpo inchadas do que os vitelos alojados em tapetes de borracha, e as vacas alojadas em superfícies abrasivas, como areia recuperada, tinham mais probabilidades de sofrer de perda de pelo e inchaço nas articulações do carpo. Em comparação com os estábulos equipados com colchões ou betão, as lesões nas patas dianteiras e traseiras eram menos comuns nos sistemas de compostagem ou de palha (Fulwider *et al.*, 2007; Schulze *Westerathet al.*, 2007). Do ponto de vista do bem-estar, um sistema de estabulação solta que seja bem gerido deve ter um CCI (Índice de Conforto das Vacas) de pelo menos 85% (Cook *et al.*, 2005). A percentagem de vacas deitadas pode ser calculada com precisão através de uma avaliação do bem-estar efectuada na exploração (Grant, 2019).

LESÕES DE CAVALO

De acordo com Lavan e Livesey (2011), a expressão "lesão do jarrete" refere-se a uma variedade de sinais clínicos de danos no jarrete, que podem variar desde uma ligeira perda de pelo até uma ulceração e inchaço graves. Devido à redução do conforto dos animais, as lesões nos jarretes são excelentes indícios de um mau bem-estar animal.

A claudicação, a idade, o índice de condição corporal, o tamanho da vaca, a higiene, o fornecimento de leite, a fase de lactação e a raça estão entre os factores de risco relacionados com as vacas para as lesões do jarrete. Vários trabalhadores identificaram vários factores de risco relacionados com a gestão das lesões do jarrete, incluindo o sistema de exploração (orgânico vs. não orgânico), o tamanho do efetivo (o tamanho do efetivo está significativamente associado às lesões do jarrete) e a avaliação da pastagem (pastagem vs. não pastagem). O tipo de sistema de alojamento, o tamanho dos cubículos e os materiais de cama são factores de risco relacionados com o alojamento. As lesões nos jarretes estão associadas à claudicação; estão associadas a perdas financeiras, diminuição do bem-estar e uma má opinião pública sobre a indústria leiteira (Kester *et al.*, 2014).

A criação de colchões sintéticos destinava-se a reduzir a necessidade de mão de obra e de camas; no entanto, em muitos casos, a sua utilização reduz o conforto do animal deitado e aumenta o risco de lesões do jarrete e de claudicação (Cook *et al.*, 2004; Fulwider *et al.*, 2007). A prevalência de lesões nos jarretes em explorações leiteiras é tipicamente de >50% (Kester *et al.*, 2014).

EXPRESSÕES COMPORTAMENTAIS E BEM-ESTAR

O comportamento dos animais é, desde há muito tempo, um sinal da sua saúde e bem-estar para os criadores e gestores de explorações leiteiras (Anna *et al.*, 2011). Por duas razões principais, o comportamento é também muito importante no estudo científico do bem-estar animal. Em primeiro lugar, é um dos indicadores mais fáceis de observar e, utilizando a experiência e uma abordagem metódica, é possível obter frequentemente informações importantes sem necessidade de equipamento dispendioso. Em segundo lugar, de acordo com Buchwalder *et al.* (2000), o comportamento serve de elo de ligação entre a noção mais limitada de saúde clínica e a noção mais alargada de bem-estar dos animais. É necessário um conhecimento aprofundado dos comportamentos próprios da espécie animal em causa para compreender o significado do comportamento de um animal em termos de bem-estar.

Os animais precisam de uma superfície segura para lamber a dobra entre o úbere e a perna, o que exige que permaneçam sobre três patas - as duas patas dianteiras e uma traseira - e manifestações menos frequentes de algum tipo de comportamento de higiene podem indicar que o pavimento é escorregadio (Jungbluth *et al.*, 2003). Dependendo da disposição dos estábulos, a lambidela caudal das vacas pode não ser possível em sistemas de amarração (Anderson, 2008). Os impactos do confinamento são objeto de outras questões comportamentais nos bovinos. Como reação a factores de stress contínuos ou a uma estimulação insuficiente (ambientes estéreis), os touros e as novilhas leiteiros confinados também apresentam um enrolamento da língua. Este comportamento, bem como outros estereótipos, pode desenvolver-se nos bovinos como resultado de uma sobre-estimulação, como o ruído contínuo (Ekesbo, 2011).

PRODUÇÃO DE LEITE E BEM-ESTAR

Existe um debate sobre se os factores de produção, como a produção de leite, são ou não bons indicadores de bem-estar. De acordo com Huzzey *et al.* (2007), durante as primeiras três semanas de lactação, as vacas com metrite produziram cerca de 8 kg/d de leite a menos. Sem dúvida, uma queda na produção de leite pode ser um sinal de doença. Também tem sido útil avaliar as reacções das vacas a situações de stress através da observação de variações a curto prazo na produção de leite. Nestas condições, a diminuição observada na produção de leite é vista como um sinal de diminuição do bem-estar (Appleby, 2005). O ponto chave é que nem um alto nível de produção de leite nem um baixo nível de produção podem ser interpretados como um indicador automático de baixo bem-estar (Phillips, 2002). Embora as correlações genéticas entre os níveis de produção e a incidência de claudicação sugiram que uma seleção elevada e contínua para o leite irá provavelmente exacerbar o problema, níveis elevados de produção não resultam necessariamente num aumento da claudicação (Bertoni *et al.* 2007). Portanto, o aumento do nível de produção pode ser preocupante para o bem-estar (Oltenacu & Broom, 2010) porque:

I. O aumento da produção de leite tem sido acompanhado por uma diminuição da fertilidade, por um aumento dos problemas metabólicos e das patas e por uma diminuição da longevidade;

II. Existem correlações genéticas negativas entre a produção de leite e a fertilidade, a mastite e outras doenças de produção, o que indica que a deterioração da fertilidade e da saúde resulta, em grande medida, da seleção para o aumento da produção de leite; e

III. Uma redução grave do bem-estar das vacas é indicada por uma elevada incidência de doenças, uma menor fertilidade, uma diminuição da longevidade e alterações do comportamento normal. O aumento do bem-estar é crucial porque o público acredita que é um sinal de sistemas sustentáveis, de produtos de elevada qualidade e de potenciais benefícios económicos.

PARÂMETROS/INDICADORES DE REPRODUÇÃO

Embora a incapacidade de um animal para se reproduzir seja um sinal de mau bem-estar, tal não implica que o sucesso reprodutivo deva ser sempre tido em conta ao determinar o bem-estar de um animal. No entanto, as variações no insucesso reprodutivo entre explorações podem ser causadas por uma série de factores não relacionados com o bem-estar dos animais, como o sucesso na deteção do estro, a gestão reprodutiva geral e a estratégia de inseminação artificial. Quando os problemas reprodutivos surgem devido a más condições de saúde, isso é inquestionavelmente um sinal de mau bem-estar. Os animais são escolhidos com base nas suas características reprodutivas por uma série de razões, incluindo considerações económicas e de bem-estar (Berglund, 2008).

O bem-estar dos animais é avaliado através de indicadores da capacidade reprodutiva, provavelmente porque a reprodução é uma componente crucial de uma produção eficaz. Outros aspectos do desempenho, incluindo a fertilidade e o tempo de vida, devem ser utilizados para atingir bons níveis de produção num estado sustentável, para além da produção de leite (Appleby, 2005).

De acordo com Rathore *et al.* (2012), os entrevistados no distrito de Churu, no Rajastão, que possuíam pouca, média ou grande quantidade de terra, tiveram um intervalo médio de parto de 14.680.19, 14.490.14 e 14.390.11 meses.Na fazenda de gado leiteiro organizada da Universidade de Veterinária e Ciência Animal Guru Angad Dev em Ludhiana, Singh *et al.* (2015) realizaram um estudo sobre as características de reprodução do gado mestiço e descobriram que o período médio de primeiro serviço foi de 168,7211,44 dias. Meena *et al.* (2017) afirmaram que o AFC médio para gado mestiço na zona rural de Karnal, Haryana, foi de 35,46 meses em seu estudo realizado em ambientes de campo.

DESEMPENHO SANITÁRIO

Mastite

Existem diferentes definições de saúde e doença, mas a que se segue é útil para analisar a relação entre bem-estar e saúde. De acordo com Tyler e Cullor (2002), uma doença é uma condição física ou mental em que a função regular de um animal é prejudicada. Embora as doenças ou lesões sejam aspectos importantes do bem-estar dos animais, a importância da saúde dos animais em termos de bem-estar animal é ocasionalmente subestimada. As vacas leiteiras com mastite sentem dor; no entanto, existem vários graus de mastite subclínica que têm pouco impacto no bem-estar. As técnicas mais populares para acompanhar a mastite subclínica e clínica são a contagem de células somáticas e a inspeção clínica. A mastite é um problema significativo para o bem-estar das vacas leiteiras e reduz a rentabilidade dos produtores (Capdeville e Veissier, 2001). A incidência de mastite tem sido associada a uma série de variáveis de risco, incluindo raça, paridade, fase de lactação, grau de produção de leite, distância entre a ponta da teta e o chão, alojamento, características do úbere e das tetas, e maneio da ordenha (Sharma e Singh, 2003).

A infeção da glândula mamária tem sido associada à seleção genética para produções de leite extraordinariamente elevadas e ao stress induzido nos tecidos dos tetos pelas máquinas de ordenha (Sordillo, 2005; *Heringstadet al.*, 2003). De acordo com Tyler e Cullor (2002), as bactérias patogénicas que passam através da abertura dos tetos são responsáveis pela maioria dos casos de mastite. Assim, um sistema de alojamento sujo e vacas sujas podem levar a taxas de mastite mais elevadas (Schreiner e Ruegg, 2003), mas mudanças frequentes de cama e salas de ordenha limpas podem diminuir o risco. A mastite é uma infeção oportunista da glândula mamária; não é uma doença, mas sim uma doença multifatorial com uma vasta gama de potenciais infecções por até 100 agentes patogénicos distintos e uma variedade de variáveis predisponentes (Phillips, 2010). A prevalência global de mastite clínica variou entre 3,00 e 5,5% em vacas de raça cruzada (Bitew *et al.*, 2010).

Coxeio

Um dos melhores sinais do bem-estar de uma vaca leiteira é a claudicação. De acordo com o Farm Animal Welfare Council (1997), as vacas coxas sofrem maiores perdas de produtividade, têm uma reprodução mais pobre e são mais susceptíveis de serem abatidas. A dor é o fator mais frequente na claudicação, que se caracteriza por um movimento prejudicado ou um desvio da marcha normal em todas as espécies. De acordo com Vokey *et al.* (2001), as lesões podais, incluindo úlceras da sola, doenças da linha branca, dermatite digital e dermatite interdigital, são as principais causas de claudicação.

A claudicação é uma questão de saúde muito óbvia para as vacas leiteiras, bem como um problema económico e de produção (Cook *et al.*, 2004). É uma fonte significativa de perdas financeiras para o sector leiteiro, bem como um problema significativo de bem-estar. A claudicação provoca dor e desconforto, o que as leva a alterar o seu comportamento num esforço para aliviar a dor através de mudanças na postura corporal, menor atividade de marcha e transferência mais frequente do seu peso de uma perna para a outra (Juarez *et al.*, 2003; Neveux *et al.*, 2006).

Embora Bertoni *et al.* (2007) tenham observado que as ligações genéticas entre os níveis de produção e a incidência de claudicação sugerem que a continuação de uma seleção elevada para a produção de leite irá provavelmente exacerbar o problema; níveis elevados de produção nem sempre resultam em maior claudicação. De acordo com Loberg *et al.* (2004), a claudicação é amplamente reconhecida como um problema significativo de bem-estar para as vacas leiteiras e pode ser provocada por doenças infecciosas (como a dermatite digital e a podridão podal) ou por lesões provocadas por rupturas do corno ou das garras (como úlceras, hemorragias e separação da linha branca). A claudicação nas vacas leiteiras é causada por uma série de variáveis, incluindo o alojamento, a nutrição e a genética, todas elas com impacto nas taxas de reprodução e produção das vacas (Somers *et al.*, 2003).

A incidência de claudicação é influenciada por variáveis do alojamento, como a utilização de pavimentos de betão, pavimentos desagradáveis, falta de pastagem e estábulos desconfortáveis (Cook e Nordlund, 2009; Weary e Taszkun, 2000; Webster, 2001).

A claudicação tem um impacto negativo no desempenho e na eficácia reprodutiva das vacas leiteiras (Vermunt, 2005). Também pode haver uma diminuição na produção de leite (Warnick *et al.*, 2001). Depois da mastite e dos problemas de parto, a claudicação foi considerada a terceira razão mais comum para o abate de vacas leiteiras (Espejo *et al.*, 2006).

Se a prevalência de claudicação for superior a 3-4% nas novilhas e a 2-3% nas vacas, indica que os problemas estão a desenvolver-se, e se for superior a 7%, existem problemas que podem ser identificados e tratados. A prevalência de claudicação foi inferior a 14% para o quintil superior e entre 30 e 50% para o pior (*Whay et al.*, 2003).

Pontuação da condição corporal

As vacas foram avaliadas quanto à sua gordura ou magreza utilizando um sistema de pontuação da condição corporal de cinco pontos. A condição física das vacas leiteiras afecta a sua capacidade de produzir leite, reproduzir-se, manter-se saudável e viver muito tempo. O peso de uma vaca também pode ser um sinal de nutrição insuficiente, uma anomalia metabólica, problemas de saúde ou má gestão da exploração (*Whay et al.*, 2003).

No entanto, as técnicas de avaliação da condição corporal - procedimentos que podem determinar de forma bastante objetiva a condição física de um animal - só foram desenvolvidas muito mais tarde. A maioria dos sistemas de avaliação da condição corporal (BCS) para bovinos leiteiros utiliza um sistema de pontuação de 5 pontos com incrementos de um quarto de ponto. A escala utilizada para avaliar o ECC varia consoante o país, mas números baixos indicam sempre desnutrição e valores elevados significam obesidade. Por conseguinte, o BCS é considerado um dos índices de bem-estar mais importantes (Sprecher *et al.*, 1997).

RELAÇÃO HOMEM-ANIMAL

O grau de parentesco ou de separação entre pessoas e animais pode ser referido como a ligação homem-animal (Estep e Hetts, 1992). Os seres humanos e os animais entram regularmente em contacto no atual sistema de produção animal durante momentos como a alimentação e a limpeza. Durante esse tempo, os seres humanos podem interagir com os animais de forma neutra, positiva ou negativa, utilizando os seus estímulos tácteis, visuais, olfactivos, gustativos e auditivos. Os animais leiteiros deveriam ter oportunidades frequentes de interagir positivamente com as pessoas, uma vez que o medo humano é um fator de stress significativo e pode reduzir a produção da exploração (*Waiblingeret al.*, 2006). Ao avaliar o bem-estar dos animais de criação, a relação entre as pessoas e os animais é um fator importante a avaliar porque tem um impacto significativo no bem-estar de muitas espécies de animais de criação. Os inquéritos em grande escala beneficiariam de uma metodologia viável e fiável para avaliar as reacções das vacas às pessoas. A relação homem-animal em efectivos de vacas leiteiras foi, portanto, medida neste estudo utilizando a distância de evitamento (*Waiblingeret al.*, 2003). Os animais eram mais submissos quando a AD era baixa, e o oposto era verdadeiro. As respostas de terror às pessoas, tanto a nível comportamental como fisiológico, têm sido a parte da relação homem-animal que mais tem sido estudada do ponto de vista dos animais de criação. O medo é visto como um estado emocional potente que frequentemente leva a uma conduta defensiva ou evasiva (*Waiblingeret al.*, 2006).

As más técnicas de manuseamento dos animais aumentam o medo humano, que pode ser diminuído através de um contacto humano adequado. Foi demonstrado que a interação de um animal com as pessoas afecta significativamente a sua saúde, produção e bem-estar; consequentemente, este fator deve ser tido em consideração quando se avalia o bem-estar dos animais nas explorações. De acordo com a investigação de *Waiblingeret al.* (2003), o cálculo da distância de evitamento pode ser uma forma prática e fiável de avaliar o bem-estar de um animal em explorações leiteiras. Ao avaliar o bem-estar dos animais nas explorações, a ligação homem-animal é um fator crucial. Em muitas espécies, a interação entre os animais de criação e os seres humanos tem um impacto significativo no seu bem-estar. O teste da distância de evitamento, que pode ser utilizado para avaliar a interação homem-animal, e a sua inclusão numa escala de avaliação do bem-estar demonstram a sua importância (*Waiblingeret al.*, 2003).

EXPLORAÇÕES LEITEIRAS INDIANAS: PROBLEMAS DE BEM-ESTAR DO GADO LEITEIRO

Na Índia, a produção de leite aumentou significativamente nos últimos anos para satisfazer as necessidades da população em crescimento. Prevê-se que esta tendência se mantenha. O número de cabeças de gado, nomeadamente de gado cruzado, contribuiu significativamente para que a Índia tenha a maior produção de leite do mundo. Nas últimas décadas, a atividade leiteira passou de uma escala modesta e doméstica para uma escala industrial. No entanto, as vastas explorações leiteiras não estão normalmente equipadas com as infra-estruturas necessárias para o alojamento, alimentação, higiene e outros confortos dos animais de elevada produção. A falta de compreensão do bem-estar dos animais nas explorações leiteiras resulta numa menor produção de leite, numa reprodução mais pobre, em mais problemas de doença e numa vida mais curta. A maioria das nações em todo o mundo está a preocupar-se cada vez mais com o bem-estar dos animais, o que está a mudar a forma como os agricultores e outros utilizadores de animais mantêm e tratam os seus animais. De acordo com Rathore (2007a), as ideias de bem-estar animal e de criação de animais são muito diferentes na Índia. Nos últimos dez anos, foram criadas sociedades de proteção dos animais para tratar de uma série de questões, como o planeamento do controlo da natalidade de cães vadios, a sensibilização do público para programas sobre as leis relativas ao bem-estar dos animais e a resolução de questões como o transporte, o abate, o alojamento, os cuidados a animais feridos e doentes, a proteção da vida selvagem e a supervisão de jardins zoológicos e circos.

Num relatório intitulado "Holy Cow! Research insight into dairies in India", produzido pela Federação das Organizações Indianas de Proteção dos Animais em 2012, sob a supervisão técnica do Dr. M. L. Kamboj (NDRI Karnal), foram destacadas questões relacionadas com o bem-estar dos animais leiteiros. Foram também identificados alguns problemas de bem-estar detectados em vários tipos de explorações leiteiras indianas.

MODELO PARA AVALIAR O BEM-ESTAR NA EXPLORAÇÃO DE VACAS LEITEIRAS

A pontuação de bem-estar é uma métrica ordinal que permite atribuir uma pontuação a cada potencial estado de bem-estar que um animal possa encontrar, sendo que um estado de maior bem-estar recebe uma pontuação mais elevada do que um estado de menor bem-estar. Consequentemente, classifica o bem-estar animal nos casos em que estão disponíveis pontuações de bem-estar relativas (*Kehlbacheret al.*, 2012). O sistema do Índice de Necessidades dos Animais (ANI), que classifica as condições de alojamento, foi criado com base em quatro aspectos fundamentais da criação de animais (possibilidade de movimento, contacto social, qualidade do pavimento, clima interior e cuidados do criador) (Bartussek, 1999).

O Bristol Welfare Assurance Programme (BWAP) é puramente uma "avaliação baseada em resultados" que analisa o historial de doenças e a documentação de tratamentos da exploração, para além de observações das condições físicas e do comportamento dos animais. No âmbito de um registo ético da produção animal, foi criado no Instituto Dinamarquês de Ciências Agrícolas (DIAS) um protótipo de um sistema de avaliação do bem-estar útil como sistema de apoio à decisão para o agricultor (Sorensen *et al.*, 2001). Este sistema combina o comportamento e a saúde dos animais com a descrição e a gestão do sistema, e depende do bem-estar dos animais, realçando tanto as boas como as más experiências que eles têm. Com base neste conceito, foi desenvolvido um Sistema Integrado de Diagnóstico do Bem-Estar (Integrated Diagnostic System Welfare - IDSW), que foi brevemente descrito por Calamari *et al.* (2003) e parcialmente validado por Calamari *et al.* (2004) para a avaliação do bem-estar dos animais em explorações leiteiras.

Os vários modelos de avaliação do bem-estar, segundo Calamari *et al.* (2003), podem ser divididos em quatro categorias: investigação, requisitos legais, sistemas de certificação e ferramentas de aconselhamento/gestão. Estes modelos podem ser utilizados para quantificar o bem-estar, garantir o bem-estar ou gerir o bem-estar, entre outros objectivos. No entanto, é geralmente aceite que o bem-estar é melhor avaliado através de uma variedade de medidas. Consequentemente, um modelo de avaliação do bem-estar de um efetivo pecuário pode incluir dados sobre indicadores indirectos e directos, incluindo uma descrição dos sistemas de gestão e de alojamento.

Kamboj e Kumar (2022) descreveram uma escala de bem-estar dos bovinos leiteiros (Dairy Cattle Welfare Scale - DCWS). Esta escala baseia-se no IDSW (Integrated Diagnostic System Welfare) de Calamari e Bertoni (2009) e foi modificada de acordo com as condições indianas. Foi identificado um total de 20 indicadores de bem-estar (com base nos recursos e com base nos animais) e cada um destes 20 indicadores foi descrito por padrões e cada padrão foi classificado numa escala de valores, tal como descrito no capítulo 3 (quadro 3.....).

AVALIAÇÃO DO BEM-ESTAR DOS ANIMAIS

Utilizando o Protocolo de Avaliação Welfare Quality® (2009), Popescu e Borda (2011) avaliaram o bem-estar de 285 vacas leiteiras em 10 explorações na Roménia, onde estavam alojadas em estábulos e em estabulação livre. Verificaram que 80% das explorações obtiveram uma pontuação "inaceitável" na escala de bem-estar, enquanto 10% das explorações obtiveram uma pontuação "aceitável" e uma exploração obteve uma pontuação "melhorada". *Coignardet al.* (2013) utilizaram o protocolo de avaliação Welfare Quality® (2009) para realizar um estudo destinado a avaliar a pontuação global de saúde dos efectivos franceses de gado leiteiro. Verificaram que nenhum rebanho foi classificado na categoria "bom" para a pontuação geral de saúde (pontuação acima de 55), e a grande maioria (95,4%) caiu na categoria intermédia, "moderada" (pontuação entre 21 e 55). Ao avaliar o nível geral de bem-estar animal nos efectivos leiteiros holandeses, Vries *et al.* (2013) utilizaram o modelo WQ-ME (*Botreauet al.*, 2009) e verificaram que 16 efectivos foram classificados como inaceitáveis, 85 como aceitáveis, 78 como melhorados e nenhum como excelente. *Benatallahet al.* (2015) na Argélia afirmaram que, de 100 explorações leiteiras analisadas numa escala de bem-estar, 95 explorações foram classificadas como inaceitáveis, 4 explorações como aceitáveis e apenas uma exploração como melhorada. Utilizando o Protocolo de Avaliação Welfare Quality® (2009), Krug *et al.* (2015) avaliaram 24 explorações leiteiras portuguesas com 1930 vacas leiteiras, concentrando-se principalmente em factores baseados nos animais ou nos resultados. Afirmaram que 5 explorações (20,83%) se enquadravam no grupo de bem-estar pobre e que 19 explorações (70,16%) se enquadravam na categoria de bem-estar bom. Kamboj e Kumar (2016) estudaram o nível de bem-estar do gado leiteiro em explorações leiteiras de Haryana utilizando a DCWS (Dairy Cattle Welfare Scale) e registaram uma melhor pontuação de bem-estar (68,1±1,18) nas grandes explorações leiteiras, enquanto nas pequenas e médias explorações leiteiras foi de 60,5±2,74 e 59,35±2,17, respetivamente. Salas *et al.* (2017) relataram que todas as unidades de produção receberam a classificação final de bem-estar aceitável em seu estudo para avaliar o nível de bem-estar de bovinos leiteiros no México usando o protocolo de avaliação Welfare Quality® e que as pontuações para cada princípio (P) foram 39 pontos para P1, 48 pontos para P2, 23 pontos para P3 e 28 pontos para P4.

IMPORTÂNCIA ECONÓMICA E BEM-ESTAR

Os agricultores podem utilizar a avaliação do bem-estar dos animais a nível da exploração como um instrumento de aconselhamento, uma fonte de informação para a gestão e uma componente dos programas de garantia de qualidade para os consumidores. Atualmente, existe uma preocupação pública crescente com o bem-estar dos animais nos países ocidentais. Vários consumidores desses países ocidentais são motivados por preocupações éticas e não pelo custo. As pessoas interessam-se pela agricultura e pelas normas de bem-estar animal que lhe estão associadas, devido à influência na saúde e na produção animal, bem como ao consequente impacto positivo na saúde pública. O controlo do bem-estar dos produtos lácteos dá mais garantias aos consumidores de que os produtos que compram provêm de animais criados em explorações que respeitam as normas de boas práticas aceites, porque se tornou uma componente integral da qualidade do leite (Broom, 2004). Os consumidores estão cada vez mais conscientes do impacto dos produtos lácteos na saúde pública, na segurança alimentar e na proteção ambiental. Como o bem-estar dos animais se tornou um aspeto integral da qualidade do leite, o seu controlo é essencial. Os consumidores estão dispostos a pagar custos mais elevados por produtos animais de alta qualidade que tenham sido produzidos utilizando técnicas que examinam de perto o bem-estar animal (Sundrum & Rubelowski, 2001). A avaliação do bem-estar animal é crucial do ponto de vista económico, uma vez que permite o diagnóstico precoce de falhas e a posterior correção das mesmas. Por conseguinte, a correção das falhas garante o pleno crescimento das capacidades geneticamente produtivas de um animal e, por outro lado, melhora a tecnologia. O bem-estar dos animais de criação é assegurado, em primeiro lugar, por procedimentos de alojamento, reprodução e criação adequados às necessidades de saúde e comportamento dos animais (Broom, 2004).

CONCEITO DE ESCALA DE BEM-ESTAR DOS BOVINOS LEITEIROS (DCWS)

Com base no IDSW (Integrated Diagnostic System Welfare) de Calamari e Bertoni (2009), Kamboj e Kumar (2016) actualizaram-no para utilização na Índia. Foram seleccionados vinte indicadores de bem-estar com base nos "Quatro Princípios" para satisfazer as "Cinco Liberdades" dos cuidados a prestar aos animais e os métodos para os medir em circunstâncias típicas. Dez indicadores das componentes A e B baseavam-se nos recursos ou no ambiente, enquanto dez indicações da componente C se baseavam nos animais. Em função dos pareceres científicos e das condições actuais da exploração, cada uma destas 20 indicações foi caracterizada por um padrão. A cada padrão foi atribuído um valor de acordo com o número de cientistas que o verificaram. A pontuação atribuída a todos os padrões de um índice foi reunida numa única pontuação para esse índice (Quadro 1). Estes indicadores baseados nos animais e no ambiente foram classificados em três componentes

Componente A: - Alojamento dos animais e outras instalações (ponderação 30)

Componente B: - Alimentos e práticas alimentares (ponderação 30)

Componente C: -Saúde, rendimento e comportamento dos animais (ponderação 40)

Quadro -1 Componentes da escala de bem-estar dos bovinos leiteiros (DCWS)

Componentes	Indicadores	Pontuação
Alojamento de animais e outras instalações(30)	1. Sistema de alojamento e disponibilidade de espaço	10
	2. Tipo e altura do telhado	3
	3. Tipo de pavimento	2
	4. Medidas de proteção do microclima	5
	5. Disponibilidade de espaço para alimentação e abeberamento sistemas de alimentação e abeberamento com frequência	5
	6. Disponibilidade de sala de ordenha/ local de ordenha separado, água para o banho das vacas, lavagem do úbere, limpeza dos utensílios de ordenha e disponibilidade de iluminação	5
Alimentos e	7. Disponibilidade de alimentos para animais e forragens	10
	8. Disponibilidade de espaço de armazenamento/prevenção de alimentos para animais e	5

práticas alimentares(30)	forragens	
	9. Práticas de alimentação das diferentes categorias de animais	10
	10. Colostro e alimentação de vitelos com leite e alimentação de novilhas	5
Saúde, desempenho e comportamento animal(40)	1. Produtividade média	8
	2. Índice de condição corporal	4
	3. Índice de conforto das vacas	5
	4. Índice de limpeza das vacas	4
	5. Pontuação da lesão do jarrete	3
	6. Interação homem-animal	3
	7. Pontuação da claudicação	4
	8. Deteção de mastite	4
	9. Reprodução	3
	10. Comportamentos anómalos	2

ESCALA DE BEM-ESTAR DOS BOVINOS LEITEIROS (DCWS)

COMPONENTE A: Alojamento e outras instalações (Coeficiente de correção total 30)

1. Sistema de alojamento e disponibilidade de espaço (10)

Descrição dos modelos	Pontuação
a) Sistema de alojamento solto com espaço superior ao recomendado, tanto em área coberta como em área aberta, com acesso a área de pastagem.	10
b) Sistema de estabulação flexível, com a disponibilização de uma área de repouso coberta e aberta recomendada, com acesso a uma lagoa/canal ou acesso limitado a pastagens.	8
c) Celeiros com área adequada para alimentação e repouso, com mais de 6 pés de comprimento de cordas/correntes de amarração e acesso limitado ao pátio aberto para socialização e exercício, ou casas soltas com apenas uma área coberta e acesso limitado à livre circulação para o lago/canal de pastagem.	6
d) Amarrar os estábulos ao ar livre ou numa área coberta limitada, numa área inferior à recomendada, com dificuldade em deitar-se ou levantar-se e com acesso limitado à liberdade de movimentos.	4
e) Amarrar os estábulos ao ar livre ou no interior de árvores ou numa área coberta improvisada, sem acesso a uma área aberta para circulação.	2

f) Baia de amarração dentro de uma área coberta limitada,   0
altamente sobrelotada e sem acesso a espaço aberto.

Ilustração: 1 Exploração leiteira com altura do telhado inferior à recomendada

Ilustração: 2 Quintas leiteiras com teto de madeira

2. Tipo e altura do telhado (3)

a) Material de cobertura constituído por amianto pintado de branco em cima e preto em baixo ou feito com betão de cimento ou com telhas com altura recomendada de cerca de 15-20 pés.	3
b) Material de cobertura constituído por amianto/ betão de cimento/ telhas/ madeira/ ou colmo de boa qualidade com uma altura entre 10-15 pés.	2
c) Utilização de chapas de IG como telhados ou qualquer outro material mal isolado a uma altura inferior a 3 metros.	1
d) Não há disponibilidade de qualquer área coberta.	0

3. Tipo de pavimentos (2)

a) O pavimento é de betão (RCC ou tijolo) dentro da área coberta,   2
com ranhuras adequadas e antiderrapante, com um dreno aberto
de dimensão e inclinação recomendadas para uma boa drenagem.
O pavimento na zona aberta é de areia ou de terra batida seca e
bem conservada, sem buracos.

b) Os pavimentos das áreas cobertas e das áreas abertas são   1
totalmente em betão, quer em RCC quer em tijolo, mas não são
escorregadios e são bem drenados, com utilização ocasional de
material de cama OU o pavimento é em kutcha, tanto nas áreas
cobertas como nas áreas abertas, mas é mantido limpo e seco a
maior parte do tempo, com boa drenagem.

c) O pavimento é totalmente em betão, tanto na zona coberta como   0
na zona aberta, que não tem ranhuras e é escorregadio sem uma
boa drenagem.

**Ilustração: 3 Alojamento em escoras com pavimento de betão numa
pequena exploração leiteira**

Ilustração: 4 Pavimento rugoso com superfície irregular

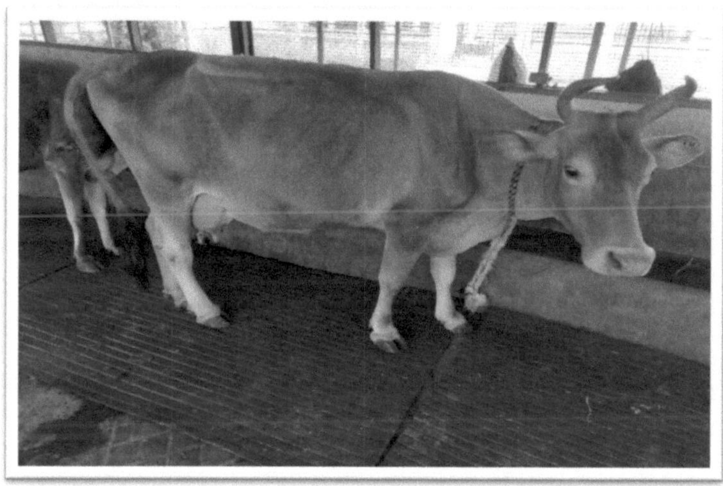

Ilustração: 5 Utilização de colchão na exploração leiteira convencional.

4. Medidas de proteção do microclima no interior dos estábulos e outras práticas de proteção contra o stress do calor e do frio (5)

a) Fornecimento de arrefecimento, como a instalação de ventoinhas de teto e arrefecimento por nebulização/sistema de aspersão/refrigeradores de sobremesa/cisterna de água doce e boas árvores de sombra em áreas abertas e na periferia.   5

b) Utilização de ventoinhas de teto numa área coberta durante o verão, com boas árvores de sombra na zona de repouso. Banho das vacas 2 a 3 vezes por dia durante o verão ou banho numa lagoa com água fresca ou num canal.   3

c) Manutenção das vacas numa área coberta durante o dia e numa área aberta durante a noite, com banhos ocasionais e sem recurso a qualquer outra medida especial de proteção no verão.   1

Ilustração: 6 Fornecimento de refrigeração numa exploração leiteira

5. Disponibilidade de espaço para alimentação e abeberamento, sistema de alimentação e abeberamento com frequência (5)

a) Sistema de alimentação em linha de vedação e bebedouros 5 separados com as dimensões e o comprimento recomendados para o espaço de alimentação e de abeberamento, de acordo com as normas, com disponibilidade permanente de água.

b) Existência de um sistema de alimentação em cercas e de 3 bebedouros, mas não conformes com as dimensões recomendadas e com um comprimento inferior do espaço de alimentação e de abeberamento ou alimentação a partir de manjedouras tradicionais elevadas do espaço de alimentação recomendado com disponibilidade permanente de água.

c) Manjedouras elevadas, não de acordo com as dimensões 1 recomendadas, e água oferecida 2 a 3 vezes por dia a partir de uma torneira ou de um bebedouro.

Ilustração: 7 Espaço de alimentação e rega para uma pequena exploração leiteira na Índia

6. Disponibilidade de sala de ordenha/local de ordenha separado, água para dar banho às vacas, lavagem do úbere, limpeza dos utensílios de ordenha e disponibilidade de iluminação (5)

a) A ordenha é efectuada numa sala de ordenha separada, bem   5
iluminada e com água fresca para o banho das vacas, a lavagem do
úbere, a limpeza dos utensílios de ordenha e o saneamento da sala
após a ordenha.

b) Não existe uma sala de ordenha separada, mas a ordenha é   3
efectuada num local distinto do habitual estábulo das vacas. Há água
disponível para a lavagem do úbere, limpeza dos utensílios, etc.

c) Não há sala de ordenha. A ordenha é efectuada nos estábulos   1
onde os animais se alimentam e vivem, havendo água apenas para
lavar os úberes das vacas antes da ordenha.

**Ilustração: 8 Disponibilização de ordenha mecânica numa
pequena exploração leiteira**

COMPONENTE B: Alimentos para animais e forragens (Peso total 30)

1. Disponibilidade de alimentos para animais e forragens de qualidade(10)

a) Forragens verdes sazonais frescas e abundantes de boa qualidade, forragens secas e silagem, mistura de concentrados compostos sem humidade e sem bolor, de acordo com as necessidades nutricionais dos animais, juntamente com uma mistura mineral específica da zona, disponível para alimentar diferentes categorias de animais durante todo o ano.	10
b) Forragens verdes frescas sazonais de boa qualidade e forragens secas disponíveis, bem como a mistura de concentrados compostos de acordo com as necessidades nutricionais dos animais para alimentar diferentes categorias de animais durante todo o ano.	8
c) Forragens secas disponíveis em abundância com disponibilidade limitada de forragens verdes durante as épocas de colheita e a mistura concentrada é feita em casa com os grãos e bolos disponíveis, sem ter muito em conta as necessidades nutricionais dos animais para alimentar diferentes categorias de animais.	6
d) A maior parte das forragens secas está disponível e a quantidade limitada de mistura concentrada é produzida em casa, utilizando grãos e bagaços sem ter muito em conta o seu valor nutritivo, havendo apenas uma disponibilidade limitada de forragens verdes. Os alimentos concentrados são dados apenas às vacas em lactação.	2
e) A maior parte das forragens secas estão disponíveis, com disponibilidade sazonal de forragens verdes; não há alimentos concentrados disponíveis.	0

2. Disponibilidade de espaço de armazenamento/conservação de ficheiros e de feeds (5)

a) Espaço de armazenamento separado suficiente para armazenar forragens secas, ingredientes de concentrado bruto e mistura de concentrado acabado e valas de silagem disponíveis para armazenar matérias-primas para alimentação animal durante pelo menos 6 meses.	5
b) Existe um espaço de armazenamento para as forragens secas e um armazém separado para a mistura de concentrados, mas não existe espaço para a silagem ou o feno.	3
c) Existem pequenos armazéns improvisados ou de betão para armazenar tanto as forragens secas como a mistura concentrada.	1

3. Práticas de alimentação para diferentes categorias de animais (10)

a) Alimentação das vacas em lactação e das vacas secas com verduras ad lib de boa qualidade, misturas de concentrados e forragens secas, de acordo com as necessidades de crescimento, produção e manutenção, sob a forma de TMR, pelo menos duas vezes/três vezes por dia.	10
b) Alimentação das vacas em lactação e das vacas secas com verduras ad lib de boa qualidade, misturas de concentrados e forragens secas, de acordo com as necessidades de crescimento, produção e manutenção, pelo menos duas vezes/três vezes por dia.	8
c) Alimentação de todas as categorias de animais com forragens verdes sazonais disponíveis e alimentação ad lib de	6

forragens secas, juntamente com uma mistura equilibrada de concentrados, duas vezes por dia.	
d) Alimentação de verduras sazonais e alimentos secos para todas as categorias de animais com mistura concentrada caseira (apenas grãos com alguma quantidade de bagaço) para todos os animais.	4
e) Alimentação predominantemente com forragens secas com disponibilidade limitada de forragens verdes e mistura de concentrado caseiro apenas para os animais em lactação.	2
f) Alimentação com forragens secas/resíduos de culturas com disponibilidade limitada de forragens verdes e praticamente sem alimentação de qualquer mistura de concentrados.	0

Ilustração: 10 Paletes de alimentação específicas da área numa pequena exploração leiteira

Ilustração: 11 Forragem verde para o gado numa exploração leiteira média

Ilustração: 12 Forragem verde numa exploração leiteira média

Ilustração: 12 Forragens verdes sazonais colhidas numa exploração leiteira média

Ilustração

Placa: 13 Cortadores de palha manuais numa pequena exploração leiteira

Ilustração: 14 Espaços de armazenamento de forragens secas numa exploração leiteira média

Ilustração: 15 Espaços de armazenamento de forragens secas (palha de trigo) numa pequena exploração leiteira

4. Alimentação de vitelos machos e fêmeas com colostro e leite (5)

a) Colostro oferecido aos vitelos uma hora após o seu nascimento, de acordo com as necessidades, 3-4 vezes por dia, através de amamentação natural durante 4-5 dias   **5**

b) Desmame à nascença e alimentação com colostro, de acordo com as suas necessidades, por meio de biberão/panela, 2-4 horas após o nascimento, durante 4-5 dias, duas/três vezes por dia   **3**

c) Colostro oferecido aos vitelos apenas após a libertação da placenta   **1**

Ilustração: 16 Alimentação com colostro (biberão) numa exploração leiteira

Ilustração:17 Alimentação de vitelos com colostro (aleitamento)

OPERACIONALIZAÇÃO DA ESCALA DE BEM-ESTAR DE BOVINOS LEITEIROS

Alojamento e outras instalações

i. Sistema de alojamento e disponibilidade de espaço no solo: Medições do espaço real em áreas abertas e cobertas e uma inspeção visual do sistema de alojamento.

ii. Tipo e altura do telhado: Medições da altura real dos barracões e exame dos materiais de cobertura utilizados.

iii. Tipo de pavimentos: Observação efectiva no local do tipo de pavimentos, tanto em áreas abertas como cobertas.

iv. Medidas de proteção microclimática no interior dos estábulos e outras práticas de proteção contra o stress térmico e o frio: Observações reais das medidas de proteção microclimática utilizadas e entrevista com o agricultor.

v. Disponibilidade de espaço para alimentação e abeberamento, sistemas de alimentação e abeberamento com frequência: No dia da visita, o espaço disponível para alimentar e abeberar cada animal é efetivamente medido e o sistema de alimentação e abeberamento é examinado.

vi. Disponibilidade de uma sala de ordenha/um local de ordenha separado, água para o banho das vacas, lavagem do úbere, limpeza dos utensílios de ordenha e disponibilidade de iluminação: Observações efectivas.

Alimentos para animais e forragens

i. Disponibilidade de alimentos e forragens de qualidade: A disponibilidade e a qualidade física dos alimentos e das forragens foram efetivamente observadas. No dia da visita, foram efectuadas medições reais da forragem verde, da silagem, da forragem seca e da mistura de concentrados fornecida aos vários tipos de animais.

ii. Disponibilidade de espaço de armazenamento/conservação de alimentos para animais e forragens: Medições efectivas do espaço de armazenamento de alimentos para animais e forragens.

iii. Práticas de alimentação das diferentes categorias de animais: Medição efectiva da quantidade de alimentos verdes/silagem, alimentos secos/concentrados e outros alimentos fornecidos aos vários grupos de animais no dia da visita.

iv. Alimentação dos vitelos machos e fêmeas com colostro e leite: Observações reais das práticas de alimentação dos vitelos e entrevista com o agricultor.

Saúde, desempenho e comportamento dos animais

i. Produtividade média: Documentação real da produção de leite das vacas no dia da visita, o número de vacas em lactação e, se disponível, dados sobre a produção total da lactação, ou uma entrevista com os agricultores sobre a produção típica de leite das vacas.

ii. Índice de Condição Corporal (ECC): Pontuação efectiva das condições corporais das vacas em lactação, utilizando a seguinte escala de pontuação da condição corporal (Sprecher *et al.*, 1997).

Tabela: 1 Pontuação da condição corporal (BCS)

Pontuação	Descrições
1	Muito mau estado (emaciado): A crista vertebral parece os dentes de na serra, os processos transversais são muito proeminentes > ½ comprimento visível, ossos isquiáticos muito proeminentes com uma cavidade profunda em forma de V por baixo do cauda.

2   O esqueleto é claramente visível: Crista vertebral das vértebras reconhecível individualmente, processos transversais visíveis em ½ - 1/3. Ossos isquiáticos proeminentes, cavidade em forma de U por baixo da cauda.

3   Esqueleto e revestimento bem equilibrados: A crista espinal forma um bordo agudo, processos transversais ¼ visíveis, ossos isquiáticos suavemente curvados, cavidade pouco profunda abaixo da cauda.

4   Quase tudo coberto: a crista vertebral das vértebras é plana e não pode ser definida individualmente, os processos transversos são suavemente curvos, os ossos isquiáticos estão rodeados de gordura, a cavidade é preenchida com alguma gordura sob a cauda.

5   Demasiada gordura: Coluna vertebral coberta de gordura, bordo dos processos transversos pouco visível devido à gordura, ossos isquiáticos cobertos de gordura, cavidade cheia de gordura, surgem pregas.

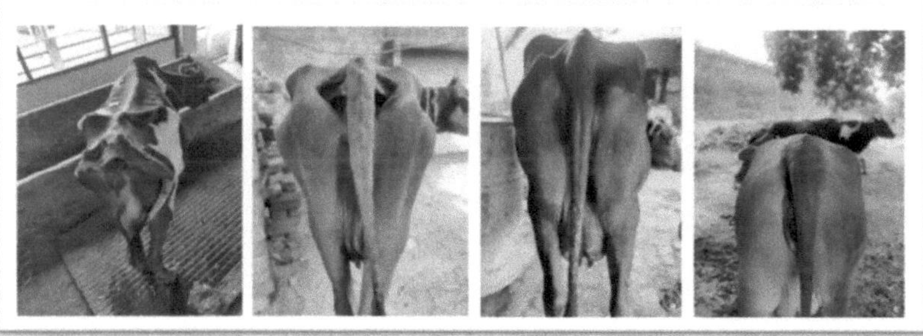

BCS- 2   BCS-3   BCS-4   BCS-5

Ilustração: 15 Índice de condição corporal (ICC)

iii. Índices de conforto das vacas (CCI): Pontuação efectiva do conforto das vacas em lactação utilizando o seguinte Índice de Conforto das Vacas (Nelson, 1996).

CCI= [(% vacas deitadas instaladas) / (% vacas deitadas + % vacas em pé num estábulo)] * 100

Ilustração: 16 Contagem de vacas para calcular os índices de conforto das vacas

iv. Pontuação do grau de limpeza das vacas (CCS): Para avaliar o grau de limpeza das vacas, foi utilizado o seguinte CCS (Napolitano *et al.*, 2005). Os lados do úbere, o ventre, o dorso, a parte inferior das patas traseiras (desde o jarrete até aos garrotes) e as coxas foram as cinco regiões ano-genitais pontuadas.

Quadro: 2 Pontuação do grau de limpeza das vacas (CCS)

Pontuação **Descrição da pontuação**

5   Sem desvios (uma vaca totalmente limpa);

4   Algumas pequenas peças sujas;

3   Grandes partes sujas que cobrem menos de metade da área;

2   Grandes partes sujas que cobrem mais de metade da superfície;

1   Área completamente coberta de sujidade

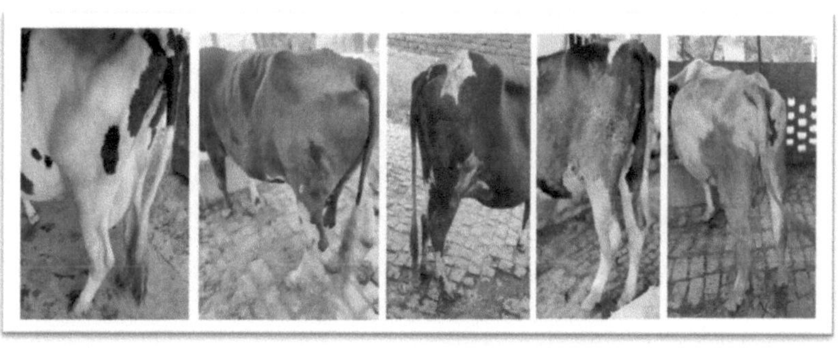

Ilustração: 16 Pontuação da limpeza das vacas

v. Pontuação das lesões do jarrete (HIS): Pontuação efectiva das vacas relativamente às lesões do jarrete, utilizando a seguinte escala de pontuação das lesões do jarrete (Universidade de Minnesota)

Tabela: 3 Pontuação das lesões do jarrete (HIS)

Pontuação	Descrição da pontuação
4	Sem danos
3	As manchas de queda de cabelo têm 0,5 polegadas de diâmetro ou mais
2	Os inchaços têm 3 polegadas de diâmetro ou menos
1	Inchaços com mais de 5 cm de diâmetro ou extensos, sangramento ou drenagem

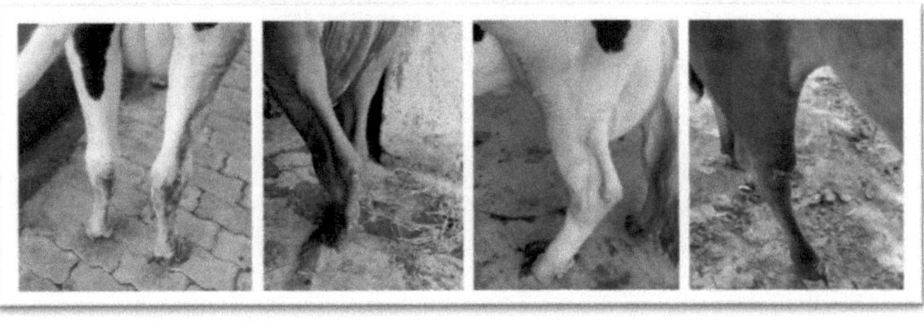

Ilustração: 17 Pontuação da lesão no jarrete

vi. Relação Homem-Animal (RHA): A relação homem-animal foi medida com o teste AD (teste da distância de evitamento) (*Waiblingeret al.*, 2003).

Ilustração: 18 Relações homem-animal

Procedimento de medição da relação homem-animal: A frente de cada animal é abordada, quer no estábulo (na área de corrida ou na área de postura), quer no recinto exterior, mas nunca no pasto. A posição inicial ideal é de três metros à frente do animal. Com o braço colocado num ângulo de cerca de 45 graus à frente do tronco, o investigador aproxima-se da vaca a um ritmo de um passo por segundo, até que esta se afaste ou se toquem. A distância entre a vaca e a mão do experimentador (mão ao focinho ou ao nariz) é calculada no momento da retirada, por etapas de 10 cm (de 300 cm a 0 cm). Foi estabelecida uma distância de evitamento de 0,05 m como a distância mínima a que um animal deve recuar se tocar no nariz ou no focinho. No caso de a vaca não se mexer depois de ser acariciada, o experimentador tentou esfregar a bochecha do animal durante pelo menos um segundo. A distância a evitar é de 0,00 m se a vaca consentir em ser acariciada. A distância média de evitamento (AD), os valores medianos de AD e as percentagens de animais que podiam ser tocados a distâncias de evitamento > 0,5 m, > 1,0 m, > 1,5 m, > 2,0 m e > 3,0 m foram calculados para os valores da exploração.

vii. Pontuação da claudicação (LS): Avaliação ou qualificação da claudicação utilizando a pontuação de locomoção no seguinte sistema de pontuação de locomoção de 5 pontos (Flower e Weary, 2006) para obter a prevalência de claudicação num efetivo leiteiro utilizando pontuações de locomoção analisadas visualmente.

Tabela: 4 Pontuação de claudicação (LS)

Pontuação	Descrição da pontuação	Observações
1	A vaca fica de pé e caminha com as costas niveladas, marcha normal	Normal
2	A vaca tem o dorso nivelado, caminha com o dorso arqueado, marcha normal	Ligeiramente fraco
3	Fica de pé e caminha com as costas arqueadas, marcha curta com um ou mais membros	Moderadament e coxo
4	Sempre com as costas arqueadas, marcha com deliberada Um passo de cada vez	Fraco
5	Sempre com as costas arqueadas, marcha com deliberada Um passo de cada vez	Muito coxo

viii. Incidência de mastite: Foi obtida uma amostra representativa de leite de vaca, que foi depois examinada utilizando o teste da mastite da Califórnia para determinar a incidência de mastite subclínica e observações visuais para determinar a incidência de mastite clínica.

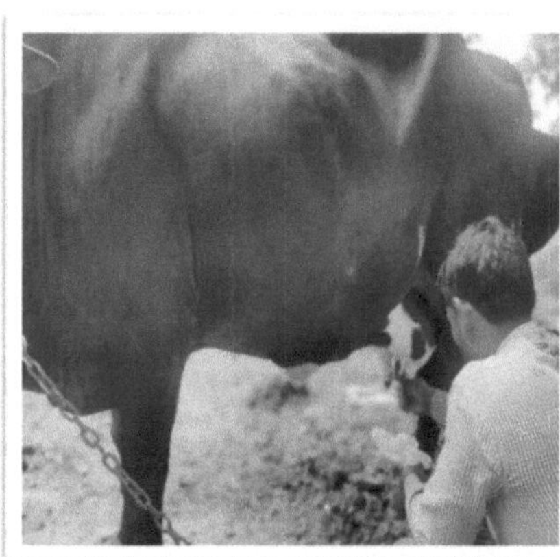

Ilustração: 19 Realização do teste CMT para deteção de mastite subclínica numa pequena exploração leiteira

ix. Reprodução: O número real de vacas com leite e o número de vacas secas no dia da visita foram registados para determinar o rácio vacas com leite/vacas secas.

x. Comportamentos anómalos: A incidência de diferentes estereótipos de comportamentos anormais foi registada através da observação pessoal dos animais.

Classificação das explorações leiteiras

A pontuação obtida nos índices individuais foi somada para obter uma pontuação total para a exploração individual. A classificação do bem-estar das explorações individuais foi efectuada da seguinte forma

As explorações que obtêm uma pontuação total **superior a 80 = Excelente**

As explorações que obtiveram uma pontuação total **entre 60 e 79 = Bom**

As explorações que obtêm uma pontuação total **entre 40 e 59 = Média / Moderada**

As explorações que obtêm uma pontuação total **inferior a 40 = medíocre**

CONCLUSÕES

A melhoria do bem-estar dos animais nos sistemas de produção alimentar pode desempenhar um papel significativo na melhoria do bem-estar das pessoas, melhorando o acesso aos alimentos de origem animal, aumentando os rendimentos económicos através do aumento da produtividade do gado, melhorando a eficiência dos animais de tração e reduzindo os riscos para a saúde humana através de uma maior segurança alimentar e da saúde animal. Para além destes benefícios práticos e económicos, a preocupação com o bem-estar dos animais pode ter implicações sociais mais vastas. Pode ajudar a ensinar uma ética de cuidados; pode ser uma força de coesão social dentro de uma comunidade ou de uma empresa; e as interacções positivas com os animais são cruciais para o bem-estar humano (e animal). Em geral, a melhoria do bem-estar dos animais deve começar por uma avaliação dos riscos e oportunidades no sistema global ou na cadeia de produção, seguida de uma procura de melhorias que sejam viáveis na situação específica. A avaliação deve incluir uma avaliação científica das necessidades e do bem-estar dos animais, bem como uma avaliação dos riscos para identificar as causas de um bem-estar insuficiente. Em muitas circunstâncias, uma estratégia de melhoria contínua baseada em objectivos mensuráveis é mais suscetível de ser benéfica do que a importação de procedimentos fundamentalmente diferentes baseados na tecnologia e nos valores.

ÂMBITO FUTURO DA INVESTIGAÇÃO

Com base nos presentes resultados experimentais, bem como na leitura da literatura relacionada, alguns aspectos do âmbito futuro da investigação sobre a avaliação do bem-estar dos bovinos leiteiros podem ser objeto de um estudo mais aprofundado:

1. Deveria ser efectuada uma investigação pormenorizada para estudar a avaliação do bem-estar dos bovinos leiteiros no Uttar Pradesh e poderia ser realizado um trabalho de investigação mais aprofundado aumentando a dimensão e o número de explorações de bovinos leiteiros.

2. Devem ser estudadas tecnologias inovadoras, como sensores portáteis ou técnicas de imagiologia e inteligência artificial, para monitorizar continuamente indicadores-chave de bem-estar. Isto poderia incluir a monitorização em tempo real de parâmetros de saúde, padrões comportamentais e condições ambientais para proporcionar uma compreensão mais abrangente do bem-estar dos bovinos leiteiros.

3. A investigação pode também aprofundar o aperfeiçoamento dos protocolos de avaliação do bem-estar existentes e desenvolver métricas normalizadas para garantir a coerência entre diferentes estudos e regiões.

A colaboração entre investigadores, agricultores e partes interessadas da indústria deve ser esforçada para ajudar a desenvolver instrumentos práticos e eficazes de avaliação do bem-estar que beneficiem tanto os animais como a indústria leiteira

BIBLIOGRAFIA

20 Recenseamento da Pecuária (2019). 20th All India Livestock Census, Department of Animal Husbandry & Dairying, Ministry of Agriculture and Farmers Welfare, Govt. of India (citado em http://dahd.nic,in)

Abeni, F. e Bertoni, G. (2009). Main causes of poor welfare in intensively reared dairy cows. *Jornal Italiano de Ciência Animal*, **8**(1): 45-66.

Abdi, H. (2013). Análise de Correspondência Discriminante, maio de 2013. URL http://www.utd.edu/~herve/Abdi-DCA2007-pretty.pdf. avaliações da marcha de vacas leiteiras. *Journal of Dairy Science*, **89**: 139-146.

Adams, A. E., Lombard, J. E., Fossler, C. P., Román-Muñiz, I. N., e Kopral, C. A. (2017). Associações entre práticas de alojamento e gestão e a prevalência de claudicação, lesões nos jarretes e vacas magras nas operações leiteiras dos EUA. *Journal of dairy Science*, **100**(3): 2119-2136.

Alban, L. (1995). Lameness in Danish dairy cows: frequency and possible risk factors (claudicação em vacas leiteiras dinamarquesas: frequência e possíveis factores de risco). *Medicina Veterinária Preventiva*, **22**: 213-225.

Anderson, N. (2008). Comportamento das vacas para avaliar os estábulos de free-stall e tie-stall. *OMAFRA, Ontário*.

Anna, I., Olsson, S., Wurbel, H. e Mench, J. A. (2011). Behaviour (Comportamento): Em Animal welfare, 2nd Edition (Eds M. C. Aplleby *et al.*): pp. 138, CAB International, UK

Appleby, M. C. (2005). A proibição da União Europeia de gaiolas convencionais para galinhas poedeiras: History and prospects. *Journal of applied animal welfare science*, **6**(2): 103-121.

Appleby, M. C., e Lawrence, A. B. (1987). Restrição alimentar como causa de comportamento estereotípico em marrãs amarradas. *Animal Production*, **45**: 103-110.

Baird, B. A., Kuhar, C. W., Lukas, K. E., Amendolagine, L. A., Fuller, G. A., Nemet, J., Willis, M. A. e Schook, M. W. (2016). Programa de bem-estar animal: Utilização de medidas comportamentais e fisiológicas para avaliar o bem-estar dos animais utilizados em programas de educação em jardins zoológicos. *Applied Animal Behaviour Science*, **176**: 150-162.

Banks, E. M. (1982). Behavioral research to answer questions about animal welfare (Investigação comportamental para responder a questões sobre o bem-estar dos animais). *Journal of Animal Science*, *54*(**2**): 434-446.

Barker, Z. E., Leach, K. A., Whay, H. R., Bell, N. J., e Main, D. C. J. (2010). Assessment of lameness prevalence and associated risk factors in dairy herds in England and Wales. *Journal of dairy Science*, *93*(**3**): 932-941.

Barnard, C. J., & Hurst, J. L. (1996). Welfare by design: the natural selection of welfare criteria. *Animal Welfare*, *5*(**4**): 405-433.

Bartussek, H. (1999). A review of the animal needs index (ANI) for the assessment of animals' well-being in the housing systems for Austrian proprietary products and legislation. *Livestock Production Science*, *61*(**2-3**): 179-192.

Beggs, D. S., Fisher, A. D., Jongman, E. C. e Hemsworth, P. H. (2015). Um inquérito aos produtores de leite australianos para investigar os riscos de bem-estar animal associados ao aumento da escala de produção. *J. Dairy Science*, **98**: 5330-5338.

Benatallah, A., Ghozlane, F., & Marie, M. (2015). Avaliação do bem-estar das vacas leiteiras nas explorações argelinas. *Jornal Africano de Investigação Agrícola*, *10*(**9**): 895-901.

Berglund, B. (2008). Melhoramento genético do desempenho reprodutivo de vacas leiteiras. *Reproduction in domestic animals*, *43*: 89-95.

Bertoni, G., Calamari, L. e Trevisi, E. (2007). How to define and evaluate welfare in modern dairy farms, 13th International Conference on Production Diseases in Farm Animals, Leipzig, Alemanha, pp. 590-606.

Bielfeldt, J. C., Badertscher, R., Tölle, K. H., & Krieter, J. (2005). Risk factors influencing lameness and claw disorders in dairy cows. *Livestock Production Science, 95*(3): 265-271.

Bitew, M., Tafere, A., & Tolosa, T. (2010). Estudo sobre a mastite bovina em explorações leiteiras de Bahir Dar e seus arredores. *Journal of Animal and Veterinary Advances, 9*(23): 2912-2917.

Botreau, R., Veissier, I., & Perny, P. (2009). Avaliação global do bem-estar dos animais: estratégia adoptada no Welfare Quality®. *Animal Welfare, 18*(4): 363-370.

Bouffard, V., de Passillé, A. M., Rushen, J., Vasseur, E., Nash, C. G. R., Haley, D. B., e Pellerin, D. (2017). Efeito de seguir as recomendações para a configuração do tiestall em lesões no pescoço e nas pernas, claudicação, limpeza e tempo de repouso em vacas leiteiras. *J. of Dairy Science, 100*(4): 2935-2943.

Bowell, V. A., Rennie, L. J., Tierney, G., Lawrence, A. B., e Haskell, M. J. (2003). Relationships between building design, management system and dairy cow welfare. *Animal Welfare, 12*(4): 547-552.

Relatório Bramboll (1965). Report of the Technical Committee to enquire into the welfare of animals kept under intensive livestock husbandry systems. Her Majesty's Stationery Office, Londres, Reino Unido.

Brenninkmeyer, C., Dippel, S., Brinkmann, J., March, S., Winckler, C. e Knierim, U. (2013). Epidemiologia da lesão do jarrete em vacas leiteiras alojadas em cubículos em duas raças, sistemas de criação e países. *Medicina Veterinária Preventiva, 109*: 236- 245.

Broom D.M. (2002). A legislação atual contribui para o bem-estar dos animais? *Landbauforsch. Völkenr., 227*: 63-69.

Broom, D. M. (2008). Avaliação do bem-estar e decisões éticas relevantes: conceitos-chave. *Revisão Anual de Ciências Biomédicas 10*: 79-90.

Broom, D. M. (2011). Uma história da ciência do bem-estar animal, *Ata Biotheoritica, 59*(2):121-37

Buchwalder, T., Wechsler B., Hauser R., Schaub J. e Friedli, K. (2000). Teste de diferentes tipos de superfícies de repouso para vacas leiteiras em sistemas de cubículos. *Agrar Forschung Schweiz,* **7(7):** 292-296.

Burow, E., Thomsen, P.R., Rousing, T. e Sørensen, J.T., (2012). O tempo de pastoreio diário como fator de risco para alterações no tegumento da articulação do jarrete em vacas leiteiras. *Animal,* **7:** 160-166.

Busato, A., Trachsel, P., e Blum, J. W. (2000). Frequency of traumatic cow injuries in relation to housing systems in Swiss organic dairy herds. Transboundary and Emerging Diseases, *47(4):* 221-229.

Calamari, L. e Bertoni, G. (2009) Modelo para avaliar o bem-estar em explorações de vacas leiteiras. *Jornal Italiano de Ciência Animal,* **8(Suppl. 1):** 301-323.

Calamari, L., Bionaz, M., & Bertoni, G. (2003). Um novo modelo para avaliar o estado de bem-estar nas explorações leiteiras. *Proc. 4º Congresso Internacional da Sociedade Europeia de Ética Agrícola e Alimentar, Toulouse, França,* pp. 77-80.

Calamari, L., Bionaz, M., Trevisi, E., & Bertoni, G. (2004). Estudo preliminar para validação de um modelo de avaliação do bem-estar animal em explorações leiteiras. *Reprints 5th Congress EURSAFE-Science, Ethics & Society, Ed. Johan De Tavernier & Stefan Aerts, Katholieke Universiteit, Leuven,* pp. *38-42.*

Capdeville, J., & Veissier, I. (2001). Um método de avaliação do bem-estar de vacas leiteiras alojadas em estábulos a nível da exploração, com base em observações dos animais. *Ata Agriculturae Scandinavica, Secção A-Ciência Animal, 51(S30):* 62-68.

Carenzi, C e Verga, M. (2007). Animal welfare: invited review of the scientific concept and definition. *Revista Italiana de Ciência Animal,* 8: 21-30.

Carenzi, C e Verga, M. (2009). Animal welfare: review of the scientific concept and definition. *Revista Italiana de Ciência Animal, 8***(1)**: 21-30.

Chapinal, N., Barrientos, A. K., Von Keyserlingk, M. A. G., Galo, E., & Weary, D. M. (2013). Fatores de risco em nível de rebanho para claudicação em fazendas de freestall no nordeste dos Estados Unidos e na Califórnia. *Journal of Dairy Science, 96*(1): 318-328.

Coignard, M., Guatteo, R., Veissier, I., Roches, A. D. B. D., Mounier, L., Lehébel, A. e Bareille, N. (2013). Descrição e fatores de variação da pontuação geral de saúde em rebanhos franceses de gado leiteiro usando o protocolo de avaliação Welfare Quality® *Medicina Veterinária Preventiva,* **112:** 296- 308.

Contreras, G. A. e Rodrigues, J. M. (2011). Mastite: Etiologia e Epidemiologia Comparadas. *Journal of Mammary Gland Biology and Neoplasia, 16*(4): 339- 356.

Cook, N. B. (2003). Prevalência de claudicação em bovinos leiteiros no Wisconsin em função do tipo de alojamento e da superfície do estábulo. *Jornal da Associação Médica Veterinária Americana,* **223:** 1324-1328.

Cook, N. B., & Nordlund, K. V. (2009). The influence of the environment on dairy cow behavior, claw health and herd lameness dynamics. *The Veterinary Journal, 179*(3): 360-369.

Cook, N. B., Bennett, T. B., & Nordlund, K. V. (2004). Effect of free stall surface on daily activity patterns in dairy cows with relevance to lameness prevalence. *Journal of dairy science, 87*(9): 2912-2922.

Curtis, S. E. (1991). O bem-estar dos animais de criação. In: Blatz CV (ed). *Ethics and Agriculture. An Anthology on Current Issues in World Context.* Pp. 447-57. University of Idaho Press, Moscovo, EUA.

Departamento de Desenvolvimento dos Lacticínios. Relatório anual 2021-2022, Uttar Pradesh. https://updairydevelopment.gov.in/index.aspx.

Dawkins, M. S. (1988). Behavioural deprivation: a central problem in animal welfare. *Applied Animal Behaviour Science, 20*(3-4): 209-225.

Dawkins, M. S. (1998). Evolution and animal welfare (Evolução e bem-estar animal). *The Quarterly Review of Biology, 73*(3): 305-328.

Dawkins, M. S. (2006) A user's guide to animal welfare science. *Trends in Ecology and Evolution.* **21:** 77-82.

Dawkins, M. S., Donnelly, C. A e Jones, T. A. (2004). O bem-estar das galinhas é influenciado por mais condições de alojamento do que pela densidade populacional. *Nature,* **427:** 342-344.

de Rosa, G., Tripaldi, C., Napolitano, F., Saltalamacchia, F., Grasso, F., Bisegna,V. e Bordi, A. (2003). Repetibilidade de algumas variáveis relacionadas com os animais em vacas leiteiras e búfalas. *Animal Welfare,* **12(4):** 625-629.

de Vries, M., Bokkers, E. A., van Reenen, C. G., Engel, B., Schaik, G., Dijkstra, T e Boer, I. J. (2015). Fatores de alojamento e gestão associados a indicadores de bem-estar de bovinos leiteiros. *Medicina Veterinária Preventiva, 118*(1): 80-92.

Dodzi, M. S., e Muchenje, V. (2011). Variáveis comportamentais relacionadas com a evitação e a sua relação com a produção de leite em vacas leiteiras alimentadas a pasto. *Applied Animal Behaviour Science,* **133(1):** 11-17

Duncan, I.J.H. e D. Fraser (1997) Understanding Animal Welfare. In: Animal Welfare, Appleby, M. e B. Hughes (Eds.). CAB International, Wallingford.

Ekesbo I. (2011). Comportamento dos animais de criação: características para a avaliação da saúde e do bem-estar. CABI, Reino Unido, pp. 237.

Ellis, K. A., Innocent, G. T., Mihm, M., Cripps, P., Mc. Lean, W. G., Howard, C. V. e Grove-White, D. 2007. Dairy cow cleanliness and milk quality on organic and conventional farms in the United Kingdom (Limpeza da vaca leiteira e qualidade do leite em fazendas orgânicas e convencionais no Reino Unido). *Journal of Dairy Research,* **74:** 302-310.

Espejo, L. A., Endres, M. I., e Salfer, J. A. (2006). Prevalência de claudicação em vacas Holstein de alta produção alojadas em galpões de free-stall em Minnesota. *Journal of dairy Science, 89*(8): 3052-3058.

Estep, D. Q., e Hetts, S. (1992). Interacções, relações e laços: a base concetual das relações entre cientistas e animais. *The Inevitable Bond: Examining Scientist-Animal Interactions*, pp. 6-26.

Autoridade Europeia para a Segurança dos Alimentos. (2012). Parecer científico sobre a utilização de medidas baseadas em animais para avaliar o bem-estar das vacas leiteiras. *EFSA Journal, 10*(1): 2554-81.

Farm Animal Welfare Council (1993). Second report on priorities for research and development in the farm animal welfare, Publicação DEFRA, Londres.

Farm Animal Welfare Council. (1997). Report on the welfare of dairy cattle (Relatório sobre o bem-estar dos bovinos leiteiros). The Farm Animal Welfare Council, Londres.

Conselho para o Bem-Estar dos Animais de Criação. (2009). Farm Animal Welfare in Great Britain (Bem-estar dos animais de criação na Grã-Bretanha): Past, Present and Future. Pp. 57

Federação das Organizações Indianas de Proteção dos Animais. (2012). Holy Cows! Research insight into dairies in India, pp. 12-45.

Fernandez, G. (2002). Data Mining Using SAS Application. Chapman and Hall/CRC press, EUA, 367 p.

Field, A. (2000). Descobrir a estatística utilizando o SPSS para Windows: Técnicas avançadas para principiantes (série Introducing Statistical Methods).

Flower, F. C. e Weary, D. M. (2006). Efeito de patologias do casco na avaliação subjectiva da marcha de vacas leiteiras. *J. Dairy Science*, **89**: 139-146

Fraser, David, Ian, J.H., Duncan, Sandra. A. Edward, Temple, Grandin, Neville,G., Gregorye, Vincent, Guyonnetf, Paul. H., Hemsworthg, Stella. M., Huertash, Juliana. M., Huzzeya, David. J., Mellori, Joy. A., Menchj, Marek. Špinkak., H. e Rebecca, Whay. (2013). Princípios gerais para o bem-estar dos animais em sistemas de produção: A ciência subjacente e sua aplicação, *The Veterinary Journal.* **198 (1):** 19-27.

Fisher, A. D., Stewart, M., Verkerk, G. A., Morrow, C. J., & Matthews, L. R. (2003). The effects of surface type on lying behaviour and stress responses of dairy cows during periodic weather-induced removal from pasture. *Applied Animal Behaviour Science, 81*(1): 1-11.

Fisher, M. W. (2009). Defining animal welfare - does consistency matter. *New Zealand Veterinary Journal, 57*(2): 71-73.

Fleischer, P., Metzner, M., Beyerbach, M., Hoedemaker, M. e Klee, W. (2001). A relação entre a produção de leite e a incidência de algumas doenças em vacas leiteiras. *Journal of Dairy Science,* **84:** 2025-2035.

Flower, F. C., De Passillé, A. M., Weary, D. M., Sanderson, D. J., e Rushen, J. (2007). Um pavimento mais macio e de maior fricção melhora a marcha de vacas com e sem úlceras na sola. *Journal of dairy Science,* **90(3):** 1235-1242.

Fourichon, C., Beaudeau, F., Bareille, N. e Seegers, H. (2001). Incidência de distúrbios de saúde em sistemas de produção de leite no oeste da França. Livestock *Production Science,* **68:** 157.

Fraser, D. (2003). Assessing animal welfare at the farm and group level:the interplay of science and values. *Animal welfare,* **12:** 433-443.

Fraser, D. (2008). Toward a global perspective on farm animal welfare (Para uma perspetiva global do bem-estar dos animais de criação). *Applied Animal Behaviour Science, 113*(4): 330-339.

Fraser, D., & Duncan, I. J. (1998). 'Pleasures','pains' and animal welfare: towards a natural history of affect. *Animal welfare, 7*(4): 383-396.

Fregonesi, J. A., Veira, D. M., Von Keyserlingk, M. A. G., & Weary, D. M. (2007). Effects of bedding quality on lying behavior of dairy cows. *Journal of dairy science, 90*(12): 5468-5472.

Fregonesi, J.A. e Leaver, J.D. (2001). Behaviour, performance and health indicators of welfare for dairy cows housed in strawyard or cubicle systems, *Livestock production science,* **68:** 205-216.

Friedrich, J., Brand, B., & Schwerin, M. (2015). Genética do temperamento do gado e seu impacto na produção e criação de gado - uma revisão. *Archives Animal Breeding, 58*(1): 13-21.

Fulwider, W. K., Grandin, T., Garrick, D. J., Engle, T. E., Lamm, W. D., Dalsted, N. L., & Rollin, B. E. (2007). Influência da base do free-stall nas lesões das articulações do tarso e na higiene das vacas leiteiras. *Journal of dairy science, 90*(7): 3559-3566.

Gillund, P., Reksen, O., Grohn, Y. T. e Karlberg, K. (2001). Condição corporal relacionada com cetose e desempenho reprodutivo em vacas leiteiras norueguesas. *Journal of Dairy Science,* 84:1390-1396.

Gonyou, H.W (1993) Animal Welfare: Definições e avaliações. *Journal of Agricultural and Environmental Ethics,* 2: 37-41.

Gorsuch, R. L. (1988). Análise exploratória de factores. In: *Handbook of multivariate experimental psychology* (pp. 231-258). Springer US.

Grethe, H. (2017). A economia do bem-estar dos animais de criação. *Revisão Anual da Economia dos Recursos,* 9: 75-94.

Harris, R. J. (2001). Uma cartilha de estatística multivariada. Psychology Press

Hedges, J., Blowey, R. W., Packington, A. J., O'callaghan, C. J., & Green, L. E. (2001). A longitudinal field trial of the effect of biotin on lameness in dairy cows. *Journal of Dairy Science, 84*(9): 1969-1975.

Hemsworth, P. H. e Coleman, G. J. (2011). Human-livestock interactions, 2ª edição. CAB International, Wallingford, Reino Unido.

Hemsworth, P. H., Coleman, G. J., Barnett, J. L., Borg, S., e Dowling, S. (2002). The effects of cognitive behavioral intervention on the attitude and behavior of stockpersons and the behavior and productivity of commercial dairy cows. *Journal of Animal Science, 80*(1): 68-78.

Heringstad, B., Klemental, G e Skjerve, T. (2003). Respostas de seleção para mastite clínica e rendimento proteico em duas experiências norueguesas de seleção de gado leiteiro. *Journal of Dairy Science, 86*(9): 2990-2999.

Hristov, S., Stankovic, B e Maksimovic, N. (2012). Welfare of dairy cattle-today and tomorrow, Terceiro Simpósio Científico Internacional *"Agrosym Jahorina"*, 56-62.

Hristov, S., Stankovic, B., Todorovic-Joksimovic,M., Mekic, C., Zlatanovic, Z., OstojicAndric, D e Maksimovic, N., (2011). Problemas de bem-estar em bezerros leiteiros. *Biotechnology in Animal Husbandry*, **27(4):** 1417-1424.

Hristov, S., Stanković, B., Zlatanović, Z., Joksimović-Todorović, M., e Davidović, V. (2008). Condições de criação, saúde e bem-estar de vacas leiteiras. Biotecnologia em Anim. Husbandry, **24(1-2):** 25-35.

Humane Society of US (2009). Um relatório da HSUS: The Welfare of Cows in the Dairy Industry (O bem-estar das vacas na indústria dos lacticínios), EUA

Hart, I. C., Bines, J. A., Morant, S. V. e Ridley, J. L. (1978). Endocrine control of energy metabolism in cows: comparison of levels of hormones (prolactine, growth hormone, insulin, and thyroxine) and metabolites in the plasma of high and low yielding cattle at various stages of lactation. *Journal of Endocrinology*, **77**: 333-345.

Hauge, S.J., Kielland, C., Ringdal, G., Skjerve, e Nafstad. (2012). Factores associados à limpeza do gado nas explorações leiteiras norueguesas. *Journal of Dairy Science*, **95**: 2485-2496.

Hewson, C. J. (2003) What is animal welfare? Definições comuns e suas consequências práticas. *Canadian Veterinary Journal,* **44:** 496-9.

Hristov, S., Stankovic, B. e Maksimovic, N. (2012) Welfare of dairy cattle- today and tomorrow, Terceiro Simpósio Científico Internacional *"Agrosym Jahorina 2012"*, 55-62.

Hristov, S., Stankovic, B., Todorovic-Joksimovic,M., Mekic, C., Zlatanovic, Z., OstojicAndric, D e Maksimovic, N. (2011). Problemas de bem-estar em bezerros leiteiros. *Biotechnology in Animal Husbandry*, **27(4):** 1417-1424.

Humane Society of US (2012). Um relatório da HSUS: O bem-estar de animais confinados intensivamente em gaiolas em bateria, celas de gestação e celas de vitela, EUA

Husbandry, B. A. (2023). Animal Husbandry Statistics Division. *Department of Animal Husbandry, Dairying and Fisheries, Ministério da Agricultura, Governo da Índia.*

Huzzey, J. M., Vries, T. J. De., Valois, P. e Keyserlingk. Von. M. A. G. (2006). A densidade populacional e o desenho da barreira alimentar afectam a alimentação e o comportamento social dos bovinos leiteiros. *Journal of Dairy Science,* **89:**126-133.

Huzzey, J. M., Veira, D. M., Weary, D. M. e von Keyserlingk. M. A. G. (2007). O comportamento no pré-parto e a ingestão de matéria seca identificam vacas leiteiras em risco de metrite. *Journal of Dairy Science,* **90:** 3220-3233.

IBM Corp. Lançado (2012). IBM SPSS Statistics for Windows, Versão 21.0. Armonk, NY: IBM Corp.

Ingvartsen, K.L., Dewhurst R.J., e Friggens N.C. (2003). On the relationship between lactational performance and health: is it yield or metabolic imbalance that cause production diseases in dairy cattle? a position paper. *Livestock Production Science,* **83:** 277-308.

Johnsen, P. F., Johannesson, T. e Sandøe P. (2001). Assessment of Farm Animal Welfare at Herd Level (Avaliação do bem-estar dos animais de criação a nível dos efectivos): Many Goals, Many Methods. *Ata Agriculturae Scandinavica, Secção, A-Ciência Animal, 51***(S30):** 26-33.

Johnson, P.F., Johannesson, T. e Sandoe, P. (2001) Assessment of farm animal welfare at herd level: many goals, many methods, *Ata agriculturae Scandinavica,* **30:** 26-33.

Johnson, R. A. e D. W. Wichern. (1982). Applied Multivariate Statistical Analysis (Análise Estatística Multivariada Aplicada). Prentice-Hall, Inc., Englewood Cliffs, NJ, EUA.

Juarez, S. T., Robinson, P. H., De Peters, E. J., e Price, E. O. (2003). Impacto da claudicação no comportamento e na produtividade de vacas Holstein em lactação. *Applied Animal Behaviour Science*, **83**: 1-14.

Jungbluth T., B. Benz, H. Wandel (2003). Áreas macias para caminhar em sistemas de alojamento solto para vacas leiteiras. Proc 5th Int'l Dairy Housing Conference, ASAE, 171- 177.

Kaiser, H. F. (1958). O critério varimax para rotação analítica na análise de factores. *Psychometrika,* **23**: 187-200.

Kaiser, H. F. (1970). A second generation little jiffy. *Psychometrika,* **35(4):** 401- 415.

Kamboj, M. L. e Kumar, C. (2014). 'Ethological, management and welfare consideration for designing shelters for dairy animals' Seminário nacional sobre 'New dimensional approaches for Livestock productivity and profitability enhancement under era of climate change' realizado na AAU, Anand, de 28 a 30 de janeiro de 2014.

Kehlbacher, A., Bennett, R. e Balcombe, K. (2012). Medir os benefícios para o consumidor da melhoria do bem-estar dos animais de criação para informar a rotulagem relativa ao bem-estar. *Food Policy,* **37:** 627-633.

Kelm, S. C., Freeman, A. E. e Committee, N. C. T. (2000). Direct and correlated responses to selection for milk yield: results and conclusions of regional project NC-2, "Improvement of dairy cattle through breeding, with emphasis on selection". *Journal of Dairy Science*, **83:** 2721-2732.

Kester, E., Holzhauer, M. e Frankena, K. (2014). Uma revisão descritiva da prevalência e dos factores de risco das lesões do jarrete em vacas leiteiras. *The Veterinary Journal,* **202:** 222-228.

Keyserlingk, Von M.A.G., Rushen, J., de Passille, A.M e Weary, D.M (2009) Revisão convidada: O bem-estar do gado leiteiro - conceitos-chave e o papel da ciência. *Journal of Dairy Science,* **92:** 4101-4111.

Kilgour, R. (1978). The application of animal behavior and the humane care of farm animals. *Journal of Animal Science,* **46:** 1478-86.

Knierim, U. e Winckler, C. (2009). Avaliação do bem-estar dos bovinos nas explorações: Questões de validade, fiabilidade e viabilidade e perspectivas futuras, com especial atenção para a abordagem welfare Quality®. *Animal Welfare,* **18:** 451-458.

Korte, S. M., Olivier, B. e Koolhaas, J. M. (2007). Um novo conceito de bem-estar animal baseado na alostase. *Physiology and Behavior,* **92:** 422-8.

Krug, C., Haskell, M. J., Nunes, T. e Stilwell, G. (2015). Criando um modelo para detetar fazendas de gado leiteiro com baixo bem-estar usando um banco de dados nacional. *Medicina Veterinária Preventiva,* **122:** 280-286.

Kumar, Ajesh. (2014). Influência do desmame no desempenho e no comportamento dos vitelos e das suas mães em búfalas Murrah, tese de doutoramento apresentada ao NDRI, Karnal, Haryana.

Kumar, C. e Kamboj, M. L. (2013). Fenceline Feeding System for Dairy Cows, Lap Lambert Academic publishing, Alemanha.

Kumar, C. e Kamboj, M. L. (2016). Avaliação do bem-estar do gado leiteiro em diferentes tipos de explorações leiteiras em Haryana. *Bhartiya Krishi Anusandhan Petrika.* **31(4):** 302-303.

Kumar, J., Singh, Y. P., Kumar, S., Singh, R., Kumar, R. e Kumar, P. (2015) Análise genética do desempenho reprodutivo do gado Frieswal na Military Farm, Ambala. *Veterinary World, 8***(9):** 1032-1037.

Laven, R., e Livesey, C. (2011). Getting to grips with hock lesions in cattle (Como lidar com lesões de jarretes em bovinos). *Veterinary Record, 169***(24):** 632-633.

Leeb, C.H., Main, D.C.J., Whay, H.R., Webster, A.J.F. (2004). Bristol welfare assurance programme, Cattle assessment. Universidade de Bristol. Endereço da página inicial: http://www.vetschool.bris.ac.uk

Lobago, F., Bekana, M., Gustafsson, H., e Kindahl, H. (2007). Longitudinal observation on reproductive and lactation performances of smallholder crossbred dairy cattle in Fitche, Oromia region, central Ethiopia. *Tropical Animal Health and Production, 39***(6):** 395-403.

Loberg, J., Telezhenko, E., Bergsten, C. e Lidfors, L. (2004). Behaviour and claw health in tied cows with varying access to exercise in an outdoor paddock (Comportamento e saúde dos cascos em vacas amarradas com acesso variável ao exercício num cercado exterior). *Applied Animal Behaviour Science*, **89**: 1-16.

Lombard, J. E., Tucker, C. B., Keyserlingk, M. A. G. V., Kopral, C. A. e Weary, D. M. (2010). Associações entre a higiene das vacas, lesões nos jarretes e utilização de estábulos livres nas explorações leiteiras dos EUA. *Journal of Dairy Science*, **93**: 4668-4676.

M'hamdi, N., Frouja, S., Bouallegue, M., Aloulou, R., Brar, S. K., e Hamouda, M. B. (2012). Estado de bem-estar do gado leiteiro medido por parâmetros ligados aos animais em condições de criação na Tunísia. *Milk Production-An Up-To-Date Overview of Animal Nutrition, Management and Health*, 289.

Mattiello, S., Arduino, D., Tosi, M. V., & Carenzi, C. (2005). Inquérito sobre alojamento, maneio e bem-estar de bovinos leiteiros em estábulos nos Alpes italianos ocidentais. *Ata Agriculturae Scandinavica, Secção A-Ciência Animal, 55*(**1**): 31-39.

Mattielo, S., Klotz, C., Baroli, D., Minero, M., Ferrante, V. e Canali, E. (2009). Problemas de bem-estar em explorações de gado leiteiro alpino no Alto Adige (Alpes Orientais Italianos). Jornal Italiano de Ciência Animal, **8**: 628-630.

McInerney, J. (1993). Animal welfare: an economic perspective (Bem-estar dos animais: uma perspetiva económica). *Valuing Farm Animal Welfare*, 9-26.

McMillan, F. D. (2000). Qualidade de vida nos animais. *Jornal da Associação Médica Veterinária Americana*, **216**: 1904-10.

Metz, J. H. M., & Wierenga, H. K. (1987). Behavioural criteria for the design of housing systems for cattle. *Wierenga, HK e Peterse, DJ, Cattle housing systems, lameness and behaviour. Martin Nijhoff publishers, Boston*, 14-25.

Microsoft Corporation. (2018). Microsoft Excel. Obtido de https://office.microsoft.com/excel.

Moreels, N. (2002). Subfertiliteit bij het Vlaamse melkvee. Scriptie voorgedragen tot het behalen van het diploma van dierenarts, Faculteit Diergeneeskunde, Universiteit Gent, 2002

Munksgaard, L e Simonsen, H. B. (1996). Behavioural and pituitary adrenal-axes responses of dairy cows to social isolation and deprivation of lying down. *Journal of Animal Science,* **73**: 769-778.

Munksgaard, L. e Lovendahl, P. (1993). Effects of social and physical stressors on growth hormone level in dairy cows. *Canadian Journal of Animal Science,* **73**: 847-853.

Nagpal, S. K., Pankaj, P. K., Ray, Bhiswajit. e Kataktalware, M. (2005). Shelter management of dairy animals: A review: *Indian Journal of Animal Sciences,* **75**(10): 1199-1214.

Napolitano, F., Grasso, F., Bordi, A., Tripaldi, C., Saltalamacchia, F., Pacelli, C. e Rosa, G. D. (2005). Avaliação do bem-estar na exploração de bovinos leiteiros e búfalos: avaliação de alguns parâmetros de base animal. *Jornal Italiano de* Ciência *Animal,* **4(3)** 223-231.

Nash, C. G. R., Kelton, D. F., DeVries, T. J., Vasseur, E., Coe, J., Heyerhoff, J. Z., Bouffard, V., Pellerin, D., Rushen, J., de Passillé, A. M. e Haley, D. B. (2016). Prevalência e fatores de risco para lesões no jarrete e no joelho em vacas leiteiras em alojamentos tiestall no Canadá. *Journal of dairy* Science, *99*(8): 6494-6506.

Nelson, A. J. (1996). Diagnóstico nutricional na exploração: Oportunidades de envolvimento na gestão da nutrição para os profissionais do sector leiteiro. Pages 76-85 in *Proc. 29th Annual Conference, American Association of Bovine Practitioners* , San Diego, California. Associação Americana de Médicos de Bovinos, Roma, Geórgia.

Neveux, S., Weary, D. M., Rushen, J., von Keyserlingk, M.A. e de Passillé, A.M. (2006). O desconforto dos cascos altera a forma como os bovinos leiteiros distribuem o seu peso corporal. *Journal of Dairy Science*, **89(7)**: 2503-2509.

Nordenfelt, L. (2006). Animal and Human Health and Welfare: a Comparative Philosophical Analysis (Saúde e bem-estar animal e humano: uma análise filosófica comparativa). CABI, Wallingford, Reino Unido.

Oltenacu, P.A. e Broom, D.M. (2010). The impact of genetic selection for increased milk yield on the welfare of dairy cows. *Animal Welfare,* **19(S)**:39-49.

Phillips, C. J. C. (2002). Cattle behaviour and welfare, 2nd Edition, Blackwell scientific, Oxford, UK.

Phillips, C. J. C. (2010). Principles of cattle production, 2nd Edition, CAB International, UK.

Popescu, S., Borda, C., Sandru, C. D., Stefan, R. e Lazar, E. (2010). A avaliação do bem-estar de vacas leiteiras amarradas em 52 pequenas explorações no nordeste da Transilvânia utilizando medições baseadas em animais. *Slovenian Veterinary Research,* **47(3)**: 77- 82.

Potterton, S. L., Green, M. J., Harris, J., Millar, K. M., Whay, H. R. e Huxley, J. N. (2011). Factores de risco associados à perda de pelo, ulceração e inchaço no jarrete em rebanhos leiteiros do Reino Unido alojados em free-stall. *Journal of Dairy Science*, **94**: 2952-2963.

Rathore, A. (2008). Conceitos de bem-estar dos animais na Índia: Perceptions and reality! In *Proc. International Animal Welfare Conference,* **31**: 1-9.

Rathore, A. K. (2007a). Animal genetic resources: Conservation and improvement. In: proceedings of national symposium on role of animal genetic resources in rural livelihood security, held at Ranchi, Jharkhand, India, February 8-9, 2007, pp. 89-100.

Rathore, A. K. (2007b). Endemic and emerging animal diseases of economic importance and their control and action plan to alleviate rural poverty for the poor goats and sheep keepers in India. In: Conferência Nacional sobre Doenças Emergentes de Pequenos Ruminantes e seu Controlo no âmbito do Regime de OMC, realizada em Makhdoom, Farrah, Mathura, U.P. Índia, 3-5 de fevereiro de 2007 PI 20, pp.14.

R Core Team (2021). R: Uma linguagem e um ambiente para a computação estatística. R Foundation for Statistical Computing, Viena, Áustria. URL https://www.R-project.org/.

Redbo, I. (1990). Changes in duration and frequency of stereotypies and their adjoining behaviours in heifers, before, during and after the grazing period. *Applied Animal Behaviour Science,* **26(1-2):** 57-67.

Regula, G., Danuser, J., Spycher, B. e Wechser,B. (2004). Health and welfare of dairy cows in different husbandry systems in Switzerland (Saúde e bem-estar das vacas leiteiras em diferentes sistemas de criação na Suíça), *Preventive veterinary Medicine,* **66**: 247-264.

Relić, R., Hristov, S., Joksimović-Todorovlć, M., Davidović, V., e Bojkovski, J. (2012). Comportamento do gado como um indicador de sua saúde e bem-estar. Boletim da Universidade de Ciências Agrárias e Medicina Veterinária Cluj-Napoca. *Medicina Veterinária,* 69.

Reneau. J. K. , Seykora, A. J. e Heins. B. J. (2003). Relationship of cow hygiene scores and SCC, Proceeding of National Mastitis Council, Madison, WI, *pp.* 362-363.

Robbins, J. A., Keyserlingk, M. A. G. V., Fraser, D. e Weary, D. M. (2016). Farm size and animal welfare. *Journal of Animal Science,* **94(12):** 5439-5455.

Robbins, J. A., Keyserlingk, M. A. G. V., Fraser, D. e Weary, D. M. (2015). Is bigger better? Tamanho da fazenda e bem-estar animal. Em Know your food: Ética alimentar e inovação (pp. 1067-1073). Wageningen Academic Publishers.

Roche, J. R., Macdonald, K. A., Burke, C. R., Lee J. M. e Berry D. P. (2007). Associações entre o índice de condição corporal, o peso corporal e o desempenho reprodutivo em bovinos leiteiros de parto sazonal. *Journal of Dairy Science*, **90**: 376-391.

Rouha-Mülleder, C., Iben, C., Wagner, E., Laaha, G., Troxler, J., & Waiblinger, S. (2009). Importância relativa dos factores que influenciam a prevalência de claudicação em vacas leiteiras austríacas alojadas em cubículos. *Medicina veterinária preventiva*, *92*(1-2): 123-133.

Royal, M.D., A.O. Darwash, A.P.F. Flint, R. Webb, J.A. Woolliams e G.E. Lamming. (2000). Declínio da fertilidade em bovinos leiteiros: alterações nos parâmetros tradicionais e endócrinos da fertilidade. *Animal Science*, **70**: 487-501.

Rushen, J., A.M. de Passille, M.A.G. von Keyserlingk e D.M. Weary (2008). The welfare of cattle. Springer, Dordrecht, Países Baixos.

Rushen, J., Haley, D., e De Passillé, A. M. (2007). Effect of soft flooring in tie stalls on resting behavior and leg injuries of lactating cows. *Journal of Dairy Science*, *90*(8): 3647-3651.

Rutherford, K. M. D., Langford, F. M., Jack, M. C., Sherwood, L., Lawrence, A. B., e Haskell, M. J. (2008). Prevalência de lesões no jarrete e factores de risco associados em explorações leiteiras biológicas e não biológicas no Reino Unido. *Journal of Dairy Science*, *91*(6): 2265-2274.

Ruud, L.E., Boe, K. E. e Osteras, O. (2010). Factores de risco para vacas leiteiras sujas em sistemas noruegueses de estabulação livre. *Journal of Dairy Science*, **93**: 5216-5224.

Sadiq, M., Ramanoon, S. Z., Shaik Mossadeq, W. M., Mansor, R., e Syed Hussain, S. S. (2017). Associação entre claudicação e indicadores de bem-estar de vacas leiteiras com base na pontuação de locomoção, condição corporal e jarrete, higiene das pernas e comportamento deitado. *Animals*, *7*(11): 79.

Salas, M. A. S., Cardona, M. G. T., Perez, L. B., Ortiz, J. G. P. e Badillo, M.D. R. J. (2017). Avaliação do bem-estar de vacas leiteiras em sistema de produção em pequena escala aplicando o protocolo proposto pela Welfare Quality® . Revista Mexicana de Ciencias Pecuarias, 8(1): 53-60.

Samer, M. 2010. Ajustar o alojamento de vacas leiteiras em climas quentes para cumprir os requisitos de bem-estar animal. *Jornal de Ciências Experimentais, 1(3)*:14-18.

Sandilands, V., Brocklehurst, S., Sparks, N., Baker, L., Mc Govern, R., Thorp, B. e Pearson, D. (2011). Assessing leg health in chickens using a force plate and gait scoring: how many birds is enough? *Registo Veterinário,* **168:** 77-77.

Schreiner, D. A., e Ruegg, P. L. (2003). Relação entre as pontuações de higiene do úbere e das pernas e a mastite subclínica. *Journal of dairy Science, 86(11):* 3460-3465.

Scott, E. M., Nolan, A.M. e Fitzpatrick, J. L. (2001). Questões conceptuais e metodológicas relacionadas com a avaliação do bem-estar: um quadro para a medição. *Ata Agriculturae Scandinavica, Secção A (Suplemento) - Ciência Animal*, **30:** 5 10.

Sejian, V., Lakritz, J., Ezeji, T. e Lal, R. (2011). Assessment mehods and indicators of animal welfare (Métodos de avaliação e indicadores de bem-estar dos animais). *Asian Journal of Animal And Veterinary Advances.* **6:** 301-315.

Silanikove, N. (2000). Effects of heat stress on the welfare of extensively managed domestic ruminants (Efeitos do stress térmico no bem-estar dos ruminantes domésticos geridos extensivamente). *Livestock Production Science*, **67**: 1-18.

Sharma, P. e Singh, K. (2003). Milk yield and milk composition of crossbred cows under various shelter systems, *Indian Journal of Dairy Science, 56(1):* 46-50.

Somers, J. G. C. J., Frankena, K., Noordhuizen-Stassen, e Metz, J.H.M. (2003). Prevalência de distúrbios da garra em vacas leiteiras holandesas expostas a vários sistemas de piso. *Journal of Dairy Science,* **86:** 2082-2093.

Solano, L., Barkema, H. W., Pajor, E. A., Mason, S., LeBlanc, S. J., Heyerhoff, J. Z., Nash, C. G. R., Haley, D. B., Vasseur, E., Pellerin, D. e Rushen, J. (2015). Prevalência de claudicação e fatores de risco associados em vacas canadenses Holstein-Friesian alojadas em celeiros freestall. *Journal of dairy Science, 98*(**10**): 6978- 6991.

Sordillo, L. M. (2005). Factores que afectam a imunidade da glândula mamária e a suscetibilidade à mastite. *Livestock Production Science, 89*(**1-2**): 89-99.

Sørensen, J. T., Sandøe, P. e Halberg, N. (2001). O bem-estar dos animais como um dos vários valores a ter em conta a nível da exploração: a ideia de um registo ético para a criação de gado. *Ata Agriculturae Scandinavica, Secção A - Ciência Animal, 51*(**S30**): 11-16.

Spedding, C. (2000). *Animal Welfare.* Earthscan, Londres, Reino Unido.

Sprecher, D., D. Hostetler e J. Kaneene (1997). A lameness scoring system that uses posture and gait to predict dairy cattle reproductive performance, *Theriogenology,* **47:** 1179-1187.

Stull, C. L., Reed, B. A. e Berry, S.C. (2005). A comparison of three animal welfare assessment programme on California dairy. *Journal of Dairy Science,* **88:** 1595-1600.

Tannenbaum, J. (1991). Ética e bem-estar dos animais: a ligação inextricável. *Journal of the American Veterinary Medical Association,* **198**: 1360-76.

Trevisi, E., Bionaz, M., Piccioli-Cappelli, F., Bertoni, G. (2006). A gestão das explorações leiteiras intensivas pode ser melhorada para melhorar o bem-estar e a produção de leite. *Livestock Science,* **103**: 231-236.

Tyler, J. W. e Cullor, J. S. (2002). Bovine mastitis, In: Smith, B. P (ed): Large animal Internal Medicine (St. Louis, MO:Mosby Inc) pp.1019-32.

Vasseur, E., Rushen, J., & De Passillé, A. M. (2009). A motivação de um bezerro para ingerir colostro depende do tempo desde o nascimento, do vigor do bezerro ou do fornecimento de calor? *Journal of dairy science*, *92*(8): 3915-3921.

Verkerk, G. A. e Hemsworth, P. H. (2010). Gerenciando o bem-estar das vacas em grandes rebanhos leiteiros. Nos Anais do 4º Simpósio Australasiano de Ciência do Leite (Vol. 2010, pp. 436-443)

Vermunt, J. J. (2005). A natureza multifatorial da claudicação. A few more pieces of jigsaw. *Veterinary Journal*, **196**: 317-318.

Vohra, V., Niranjan, S. K., Mishra, A. K. Jamuna1, V. Chopra, A. Sharma, N., e Jeong, D. K. (2015). Caracterização fenotípica e análise multivariada para explicar a conformação corporal em búfalos menos conhecidos (Bubalus bubalis) do norte da Índia. Ásia Australas. *Journal of Anim. Science*, **28(3):** 311-317.

Voisinet, B. D., Grandin, T., Tatum, J. D., O'connor, S. F., e Struthers, J. J. (1997). Feedlot cattle with calm temperaments have higher average daily gains than cattle with excitable temperaments. *Journal of Animal Science*, **75(4):** 892-896.

Vokey, F. J., Guard, C. L., Erb, H. N. e Galton, D. M. (2001). Effect of alley and stall surfaces on indices of claw and leg healthin dairy cattle housed in free stall barn. *Journal of Dairy Science,* **82(12):** 2686-2699.

Vries, M. D., Bokkers, E. A. M., Schaik, G. V., Botreau, R., Engel, B., Dijkstra,T. e Boer, I. J. M. D. (2013). Avaliação dos resultados do modelo de avaliação multicritério Welfare Quality para classificação do bem-estar de bovinos leiteiros ao nível do efetivo. *Journal of Dairy Science,* **96:** 1-10.

Waiblinger, S., Boivin, X., Pedersen, V., Tosi, M. V., Janczak, A. M., Visser, E. K., e Jones, R. B. (2006). Assessing the human-animal relationship in farmed species: a critical review (Avaliação da relação homem-animal em espécies de criação: uma revisão crítica). *Applied Animal Behaviour Science*, **101(3):** 185-242.

Waiblinger, S., Menke, C., Folsch, D.W. (2003) Influences on the avoidance and approach behaviour of dairy cows towards humans on 35 farms. *Applied Animal Behaviour Science*, **84:** 23-39.

Ward, W. R., Hughes, J. W., Faull, W. B., Cripps, P. J., Sutherland, J. P., e Sutherst, J. E. (2002). Estudo observacional da temperatura, humidade, pH e bactérias na cama de palha, e consistência fecal, limpeza e mastite em vacas de quatro manadas leiteiras. *The Veterinary Record*, **151(7):** 199-206.

Warnick, L. D., Janssen, D., Guard, C. L. e Grohn Y. T. (2001). O efeito da claudicação na produção de leite em vacas leiteiras. *Journal of Dairy Science* **84:** 1988-1997.

Weary, D. M., e Taszkun, I. (2000). Hock lesions and free-stall design. *Journal of dairy Science*, **83(4):** 697-702.

Webster, A. J. F. (2001). Effects of housing and two forage diets on the development of claw horn lesions in dairy cows at first calving and in first lactation. *The veterinary Journal*, **162(1):** 56-65.

Webster, A.J.F. (2005). Animal Welfare: Limping Towards Eden. Blackwell Publishing Ltd., Oxford, Reino Unido.

Webster, J. (2011). Gestão e bem-estar dos animais de criação: 5th edição, UFAW Farm Hand Book.

Wehmeier, S. (2005). Oxford Advanced Learner's Dictionary. Oxford University Press.

Welfare Quality® , (2009). Welfare Quality® Protocolo de avaliação para bovinos. Welfare Quality® Consortium, Lelystad, Países Baixos.

Wemelsfelder, F. e Mullan, S. (2014). Aplicação de indicadores etológicos e de saúde à avaliação prática do bem-estar animal. *Revue scientifique et technique- Office international des Epizooties*, **33(1):** 111-120.

Westerath, H. S., Gygax, L., Mayer, C., & Wechsler, B. (2007). Lesões nas pernas e limpeza de touros de engorda mantidos em sistemas de alojamento com diferentes superfícies de repouso. *The Veterinary Journal*, *174*(1): 77-85.

Whay, H. R., Main, D. C. J., Green, L. E. e Webster, A. J. F. (2003). Assessment of welfare of dairy cattle using animal based measurement: direct observations and investigation of farm records. *Veterinary Record*, **153**: 197-202.

Whaytt, H.R., D.C.J. Main, L.E. Green e A.J.F. Webster (2003) Animal based measures for the assessment of welfare state of dairy cattle, pigs and laying hens: Consensus of expert opinion, *Animal Welfare*, **12**: 205-217.

Winckler, C. (2014). Avaliação do bem-estar animal na exploração e melhoria do bem-estar em bovinos leiteiros. *Revista Científica AgroLife*: *3*(1).

Whay, H. R. (2007). The journey to animal welfare improvement, *Animal Welfare*, **16**: 117-122.

Whay, H. R., Waterman, A. E., & Webster, A. J. F. (1997). Associações entre locomoção, lesões nas garras e limiar nociceptivo em novilhas leiteiras durante o período peri-parto. *The veterinary journal*, *154*(2): 155-161.

Winkler, C., Tucker, C.B. e Weary. D. M. (2003). Effects of stall availability on time budgets and agonistic interactions in dairy cattle. Procedimentos do 37ᵉᵗʰ Congresso Internacional da ISAE, Abano Terme, Itália.

Zurbrigg, K., Kelton, D., Anderson, N., e Millman, S. (2005). Dimensões das baias e prevalência de claudicação, ferimentos e limpeza em 317 explorações leiteiras com baias de atrelagem em Ontário. *The Canadian veterinary journal*, **46(10)**: 902.

Printed by Books on Demand GmbH, Norderstedt / Germany